宇《う》宙《ちゅう》飛《ひ》行《こう》士《し》は見《み》た
宇《う》宙《ちゅう》に行《い》ったらこうだった!

宇宙飛行士《うちゅうひこうし》 山崎《やまざき》 直子《なおこ》 著《ちょ》

repicbook

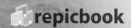

はじめに

さあ、宇宙《うちゅう》へようこそ！

私《わたし》が宇宙飛行士《うちゅうひこうし》を目指《めざ》した原点《げんてん》は、小学生《しょうがくせい》のときに星《ほし》や宇宙《うちゅう》が好《す》きになったからです。特《とく》に宇宙《うちゅう》の話《はなし》は、子《こ》どもの頃《ころ》の私《わたし》の想像力《そうぞうりょく》をかき立《た》ててくれました。

たとえば、「望遠鏡《ぼうえんきょう》で月《つき》のクレーターや土星《どせい》の輪《わ》を見《み》て、手《て》を伸《の》ばせば届《とど》きそうに思《おも》えたこと」「北極星《ほっきょくせい》の光《ひかり》が地球《ちきゅう》に届《とど》くには約《やく》４３０年《ねん》もかかるため、豊臣秀吉《とよとみひでよし》が天下統一《てんかとういつ》を果《は》たす以前《いぜん》の北極星《ほっきょくせい》の光《ひかり》を、いまの私《わたし》たちが見《み》ていることを知《し》り、宇宙《うちゅう》がタイムマシンに思《おも》えたこと」「星《ほし》にも一生《いっしょう》があること」「星《ほし》のかけらから地球《ちきゅう》も人間《にんげん》もできていることを知《し》り、人間《にんげん》も星《ほし》と兄弟《きょうだい》であり、宇宙《うちゅう》を故郷《ふるさと》だと感《かん》じたこと」などです。宇宙飛行士《うちゅうひこうし》になってからも、「宇宙《うちゅう》が好《す》きという子《こ》どもの頃《ころ》の思《おも》い」は、長《なが》い訓練《くんれん》での不安《ふあん》の支《ささ》えになってくれていました。

私《わたし》がこんなにも宇宙《うちゅう》に魅力《みりょく》を感《かん》じるのは、分《わ》からないことがたくさんあるからです。

「地球以外《ちきゅういがい》にも生命《せいめい》は存在《そんざい》するのか」「宇宙《うちゅう》はひとつだけなのか」「宇宙《うちゅう》の果《は》てはどうなっているのか」「宇宙《うちゅう》の90％以上《いじょう》を占《し》めるといわれる暗黒物質《あんこくぶっしつ》や暗黒《あんこく》エネルギーの正体《しょうたい》は何《なん》なの

か」「私《わたし》たちはどこから来《き》て、どこへ向《む》かおうとしているのか」など、疑問《ぎもん》が尽《つ》きることはありません。宇宙《うちゅう》を知《し》ることは、地球《ちきゅう》のこと、私《わたし》たち自身《じしん》のことを知《し》ることでもあるのです。

ユーリイ・ガガーリン飛行士《ひこうし》が人類《じんるい》で初《はじ》めて宇宙《うちゅう》に行《い》ってからおよそ60年《ねん》。宇宙《うちゅう》に行《い》った人《ひと》の数《かず》も世界中《せかいじゅう》で600人《にん》になろうとしています。今《いま》の私《わたし》の夢《ゆめ》は、宇宙旅行《うちゅうりょこう》が身近《みぢか》になり、宇宙《うちゅう》で人《ひと》が暮《く》らす時代《じだい》になり、宇宙飛行士《うちゅうひこうし》という言葉《ことば》がなくなるくらいのたくさんの人《ひと》が宇宙《うちゅう》に行《い》くようになることです。そうすれば、コックさん、美容師《びようし》さん、学校《がっこう》の先生《せんせい》、お医者《いしゃ》さん、芸術家《げいじゅつか》、工場《こうじょう》で働《はたら》く人《ひと》、YouTuber《ユーチューバー》など、いろいろな職業《しょくぎょう》の人《ひと》が宇宙《うちゅう》で活躍《かつやく》する時代《じだい》になると思《おも》います。

またこれからは、宇宙《うちゅう》と関《かか》わる仕事《しごと》もどんどん増《ふ》えていくと思《おも》います。現在《げんざい》でも、天文学者《てんもんがくしゃ》、地上管制官《ちじょうかんせいかん》、ロケットや人工衛星《じんこうえいせい》や探査機《たんさき》を作《つく》るエンジニア、人工衛星《じんこうえいせい》のデータを解析《かいせき》して地球《ちきゅう》の課題解決《かだいかいけつ》に役立《やくだ》てる人《ひと》、宇宙《うちゅう》での実験《じっけん》を考《かんが》える研究者《けんきゅうしゃ》、宇宙《うちゅう》の法律家《ほうりつか》など、たくさんの人《ひと》が宇宙《うちゅう》と関《かか》わる仕事《しごと》をしています。いまや宇宙《うちゅう》は遠《とお》い世界《せかい》ではないのです。

この本《ほん》が、みなさんの好奇心《こうきしん》を広《ひろ》げる旅《たび》の友《とも》となることを願《ねが》っています。

もくじ

第三章《だいさんしょう》 宇宙飛行士《うちゅうひこうし》を知《し》りたい

第四章《だいよんしょう》　国際宇宙《こくさいうちゅう》ステーション

第五章《だいごしょう》 宇宙船《うちゅうせん》と探査機《たんさき》

第六章《だいろくしょう》 無重力《むじゅうりょく》のふしぎ

第七章《だいななしょう》 宇宙《うちゅう》のあれこれ

©NASA

1 宇宙《うちゅう》ってどんな場所《ばしょ》

宇宙《うちゅう》にはどのくらいで着《つ》きますか

スペースシャトルの実物大模型《じつぶつだいもけい》にて、実際《じっさい》の宇宙服《うちゅうふく》を着《き》て訓練《くんれん》している様子《ようす》

宇宙《うちゅう》へはあっという間《ま》に到達《とうたつ》してしまいます。国際宇宙《こくさいうちゅう》ステーションが周《まわ》っている高度《こうど》４００㎞までだと、8分《ぷん》30秒《びょう》です。宇宙船《うちゅうせん》のスペースシャトルに乗《の》るまで11年《ねん》も訓練《くんれん》してきたのに、わずか8分《ぷん》30秒《びょう》で宇宙《うちゅう》に到着《とうちゃく》してしまうとは、なんだか拍子抜《ひょうしぬ》けしてしまいますね。

スペースシャトルの打《う》ち上《あ》げでは、約《やく》3G《ジー》の力《ちから》を感《かん》じながら宇宙《うちゅう》に向《む》かいました。G《ジー》とは重力加速度《じゅうりょくかそくど》のことで、簡単《かんたん》に言《い》うとスピードが変化《へんか》したときに感《かん》じる力《ちから》のことです。たとえば、車《くるま》が急《きゅう》に発進《はっしん》したときやジェットコースターに乗《の》ったときに、体《からだ》がシートに押《お》し付《つ》けられる感覚《かんかく》のことです。止《と》まっているときが1G《ジー》になります。激《はげ》しいジェットコースターで3～5G《ジー》だそうです。

たまにアニメなどで発射時《はっしゃじ》に宇宙飛行士《うちゅうひこうし》が椅子《いす》に座《すわ》っているシーンがありますが、スペースシャトルでは宇宙《うちゅう》

スペースシャトルの垂直発射《すいちょくはっしゃ》の様子《ようす》

飛行士《ひこうし》は上向《うえむ》きに寝《ね》ています。これは、寝《ね》た状態《じょうたい》のほうが人間《にんげん》の体《からだ》がG《ジー》に耐《た》えられるからです。

またスペースシャトルは固体燃料《こたいねんりょう》も使用《しよう》しているため、ガタガタと激《はげ》しく揺《ゆ》れます。それが、高度《こうど》400㎞に到達《とうたつ》してエンジンが止《と》まった瞬間《しゅんかん》、それまで感《かん》じていた3G《ジー》の加速度《かそくど》から解放《かいほう》され、体《からだ》が前《まえ》のめりになり（電車《でんしゃ》や車《くるま》でも急《きゅう》ブレーキをかけると前《まえ》のめりになりますがそんな感《かん》じです）、シートベルトを外《はず》すと、すでに無重力《むじゅうりょく》の世界《せかい》になっているのです。

実《じつ》はアメリカのフロリダ州《しゅう》にあるケネディ宇宙《うちゅう》センターに行《い》くと、誰《だれ》でもスペースシャトルの垂直発射《すいちょくはっしゃ》の打《う》ち上《あ》げを体験《たいけん》することができます。これは、見学者向《けんがくしゃむ》けの『シャトル発射体験《はっしゃたいけん》アトラクション』で、スペースシャトル風《ふう》の乗《の》り物《もの》に乗組員《のりくみいん》として参加《さんか》できるのです。

宇宙《うちゅう》はどこの国《くに》のものなの？

国際宇宙《こくさいうちゅう》ステーション　©NASA

宇宙《うちゅう》はどこの国《くに》のものでもありません。これは、1967年《ねん》に作《つく》られた宇宙条約《うちゅうじょうやく》で決《き》められています。この条約《じょうやく》には、「どの国《くに》の人《ひと》でも自由《じゆう》に調査《ちょうさ》ができる」ことや「平和的《へいわてき》に利用《りよう》しなければならない」ことなどが書《か》かれています。現在《げんざい》では、100以上《いじょう》の国《くに》が賛成《さんせい》しています。

それなら、宇宙船《うちゅうせん》や国際宇宙《こくさいうちゅう》ステーションなど、〝宇宙《うちゅう》〟で過《す》ごしている間《あいだ》は、どこの国《くに》の法律《ほうりつ》も守《まも》らなくていいの？　と、思《おも》うかもしれません。しかしこれは間違《まちが》いで、ロシアのソユーズ宇宙船《うちゅうせん》の中《なか》ではロシアの法律《ほうりつ》を、アメリカの宇宙船《うちゅうせん》の中《なか》ならアメリカの法律《ほうりつ》を守《まも》らなければなりません。それなら、どこの国《くに》のものでもない月《つき》や国際《こくさい》宇宙《うちゅう》ステーションではどうなの？　と、思《おも》いますよね。

この場合《ばあい》は、自分《じぶん》の国《くに》の法律《ほうりつ》を守《まも》ることになります。たとえば国際宇宙《こくさいうちゅう》ステーションで結婚《けっこん》する場合《ばあい》、イギリ

月《つき》から見《み》た地球《ちきゅう》のイメージ図《ず》

ス人男性《じんだんせい》なら16才《さい》から結婚《けっこん》できますが、日本人男性《にほんじんだんせい》は18才《さい》からでないと結婚《けっこん》できないのです。

また、月《つき》は誰《だれ》のものでもないのに、「ルナエンバシー」という会社《かいしゃ》が、月《つき》の土地《とち》を販売《はんばい》しています。しかも案外手《あんがいて》ごろな2700円《えん》（2020年《ねん》9月現在《がつげんざい》）という価格《かかく》で、月《つき》の土地権利書《とちけんりしょ》を買《か》うことができるのです。驚《おどろ》きますよね。宇宙条約《うちゅうじょうやく》で、月《つき》の土地《とち》を国《くに》が所有《しょゆう》することは禁止《きんし》されているのですが、個人《こじん》の所有《しょゆう》については特《とく》に決《き》められていなかったため、「月《つき》の権利宣言書《けんりせんげんしょ》」を作成《さくせい》し、国際《こくさい》連合《れんごう》やアメリカ合衆国《がっしゅうこく》、ソビエト連邦《れんぽう》（当時《とうじ》）の各政府《かくせいふ》に提出《ていしゅつ》したところ、認《みと》められてしまったのです。ヨーロッパでは、バレンタインデーや誕生日《たんじょうび》のプレゼントとして人気《にんき》があるそうです。しかもいまでは、火星《かせい》や金星《きんせい》の土地《とち》も売《う》られているようです。

どのくらい上《うえ》に行《い》けば宇宙《うちゅう》なの？

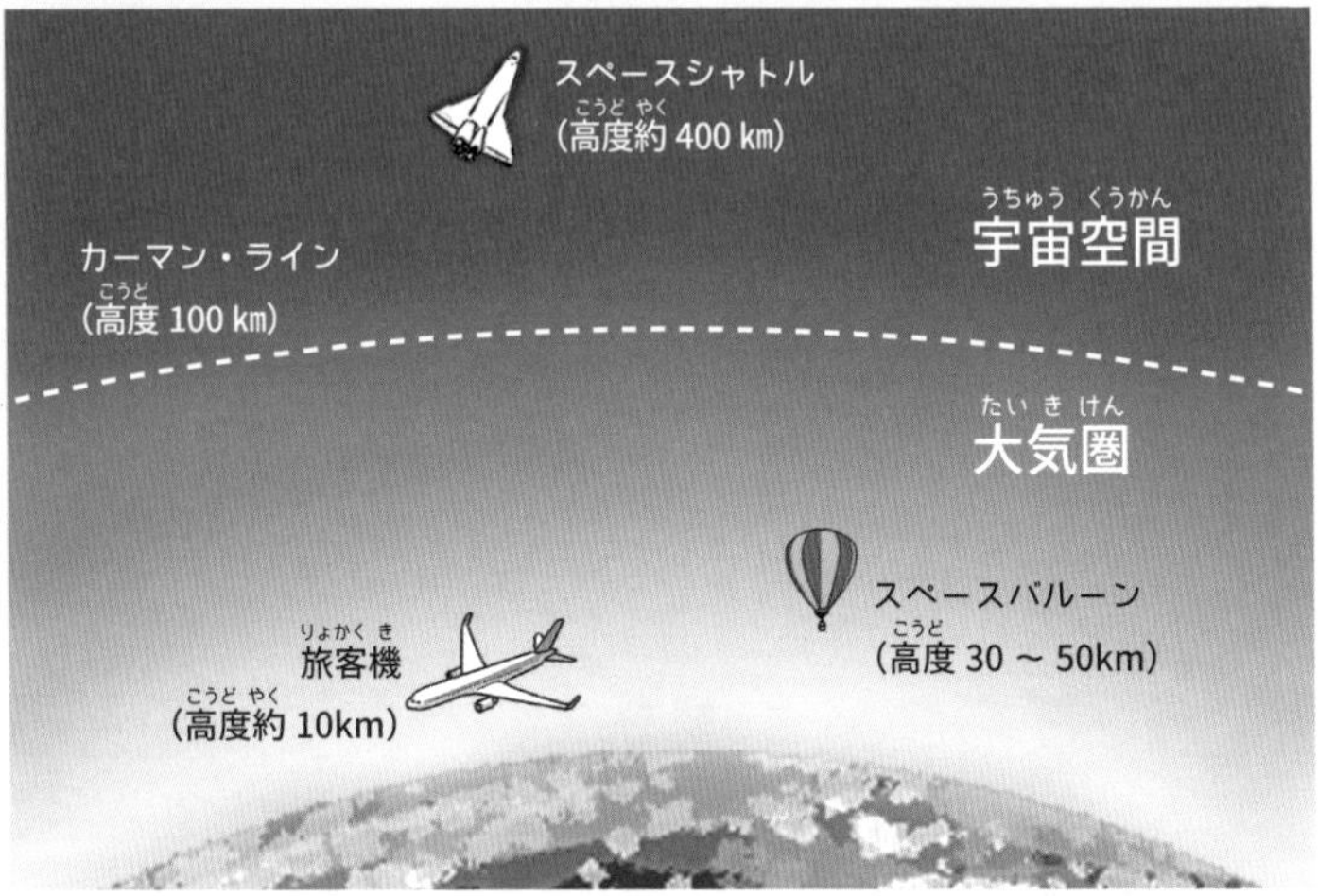

「宇宙条約《うちゅうじょうやく》」では、地面《じめん》からどのくらい上《うえ》まで行《い》けば"宇宙《うちゅう》"になるのか、決《き》めていません。

空気《くうき》がなくなったら宇宙《うちゅう》だと考《かんが》える人《ひと》もいるようですが、この考《かんが》えではっきりとした基準《きじゅん》が作《つく》りづらくなります。空気《くうき》は宇宙《うちゅう》に着《つ》いたとたんになくなるわけではなく、上《うえ》に向《む》かうほどに、少《すこ》しずつ減《へ》っていくからです。

空気《くうき》のある部分《ぶぶん》を「大気圏《たいきけん》」と呼《よ》ぶことがありますが、スペースシャトルや国際宇宙《こくさいうちゅう》ステーションが飛《と》んでいる高度《こうど》４００㎞あたりは、まだ大気圏内《たいきけんない》となります。

一般的《いっぱんてき》には、「ほぼ空気《くうき》がなくなる」高度《こうど》80〜１００㎞以上《いじょう》からを「宇宙空間《うちゅうくうかん》」と呼《よ》んでいます。国際航空連盟《こくさいこうくうれんめい》では、高度《こうど》１００㎞をカーマン・ラインと呼《よ》び、そこから上《うえ》を宇宙空間《うちゅうくうかん》、下《した》を地球《ちきゅう》の大気圏《たいきけん》としています。アメリカ空軍《くうぐん》では、高度《こうど》80㎞から上《うえ》を宇宙空間《うちゅうくうかん》としています。

風船《ふうせん》は宇宙《うちゅう》まで届《とど》くの？

風船《ふうせん》は空気《くうき》がないと飛《と》ぶことができないため、宇宙《うちゅう》空間《くうかん》には届《とど》きません。しかし、JAXA《ジャクサ》やNASA《ナサ》でも超巨大《ちょうきょだい》な気球《ききゅう》による宇宙開発《うちゅうかいはつ》を行《おこな》っています。「高高度《こうこうど》気球《ききゅう》」と呼《よ》ばれる水素《すいそ》やヘリウムで膨《ふく》らませたゴム製《せい》の気球《ききゅう》で、18～60㎞程度《ていど》の高《たか》さまでなら到達《とうたつ》できます。

この高高度気球《こうこうどききゅう》はスペースバルーンと呼《よ》ばれており、これを使《つか》って、成層圏《せいそうけん》や中間圏《ちゅうかんけん》の高《たか》さから撮影《さつえい》を行《おこな》うスポーツもあります。正確《せいかく》には宇宙《うちゅう》ではありませんが、暗黒《あんこく》の空《そら》が撮影《さつえい》されるなど、宇宙《うちゅう》から見《み》ているような景色《けしき》を楽《たの》しむことができます。

中《なか》には、55階分《かいぶん》のビルの高《たか》さほどある巨大《きょだい》ヘリウム風船《ふうせん》を3時間《じかん》かけて約《やく》39㎞まで上昇《じょうしょう》させた後《あと》、宇宙服《うちゅうふく》でスカイダイビングを成功《せいこう》させた人《ひと》もいます。なんと落下《らっか》のスピードはマッハ1・24（マッハ1で音《おと》と同《おな》じ速《はや》さ）でした。

宇宙空間《うちゅうくうかん》は寒《さむ》い場所《ばしょ》なの？

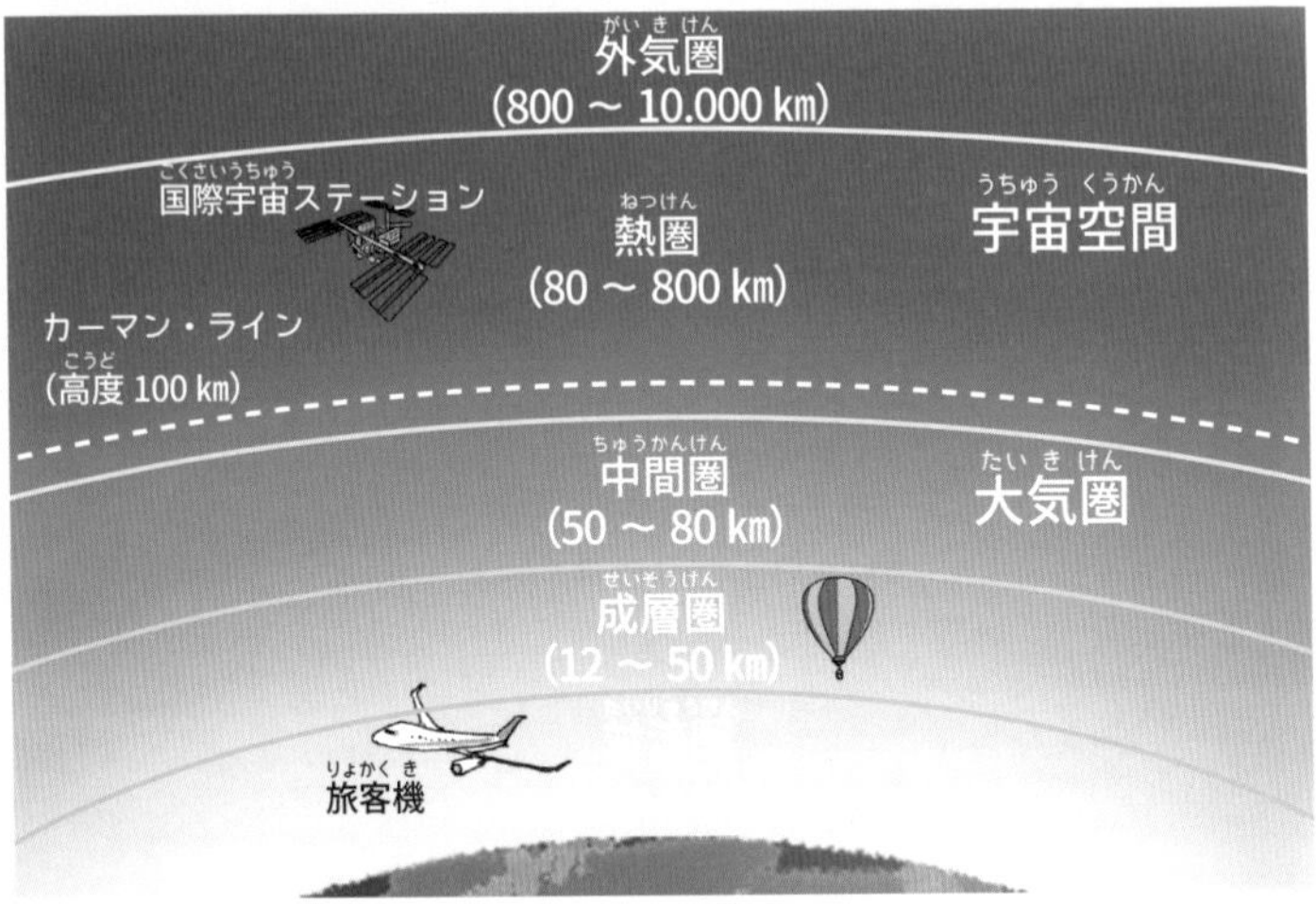

私《わたし》たちの生活《せいかつ》では、山《やま》の上《うえ》ほど気温《きおん》が低《ひく》く、上空《じょうくう》に行《い》けば行《い》くほど温度《おんど》は下《さ》がります。1km上《あ》がると6・5℃下《さ》がるので、高度《こうど》10kmを飛《と》ぶ飛行機《ひこうき》の周《まわ》りの温度《おんど》は、平均《へいきん》でマイナス40℃くらいになります。そう考えると、宇宙《うちゅう》は寒《さむ》い場所《ばしょ》と思《おも》うかもしれませんが、これは対流圏《たいりゅうけん》だけの世界《せかい》になります。

空気《くうき》のある大気圏《たいきけん》は、地面《じめん》から近《ちか》い順《じゅん》に対流圏《たいりゅうけん》、成層圏《せいそうけん》、中間圏《ちゅうかんけん》、熱圏《ねっけん》、外気圏《がいきけん》に分《わ》けられます。地面《じめん》から12kmまでが対流圏《たいりゅうけん》、その上《うえ》の高度《こうど》12～50kmが成層圏《せいそうけん》になります。成層圏《せいそうけん》にはオゾン層《そう》があり、太陽《たいよう》から届《とど》く紫外線《しがいせん》を吸収《きゅうしゅう》するときに熱《ねつ》が発生《はっせい》するため、上空《じょうくう》にいくほど温度《おんど》は上《あ》がります。高度《こうど》12kmあたりの温度《おんど》はマイナス70℃ほどですが、高度《こうど》50km付近《ふきん》では0℃近《ちか》くになります。

次《つぎ》の中間圏《ちゅうかんけん》は、高度《こうど》50～80kmで大気圏《たいきけん》のなかでもっとも

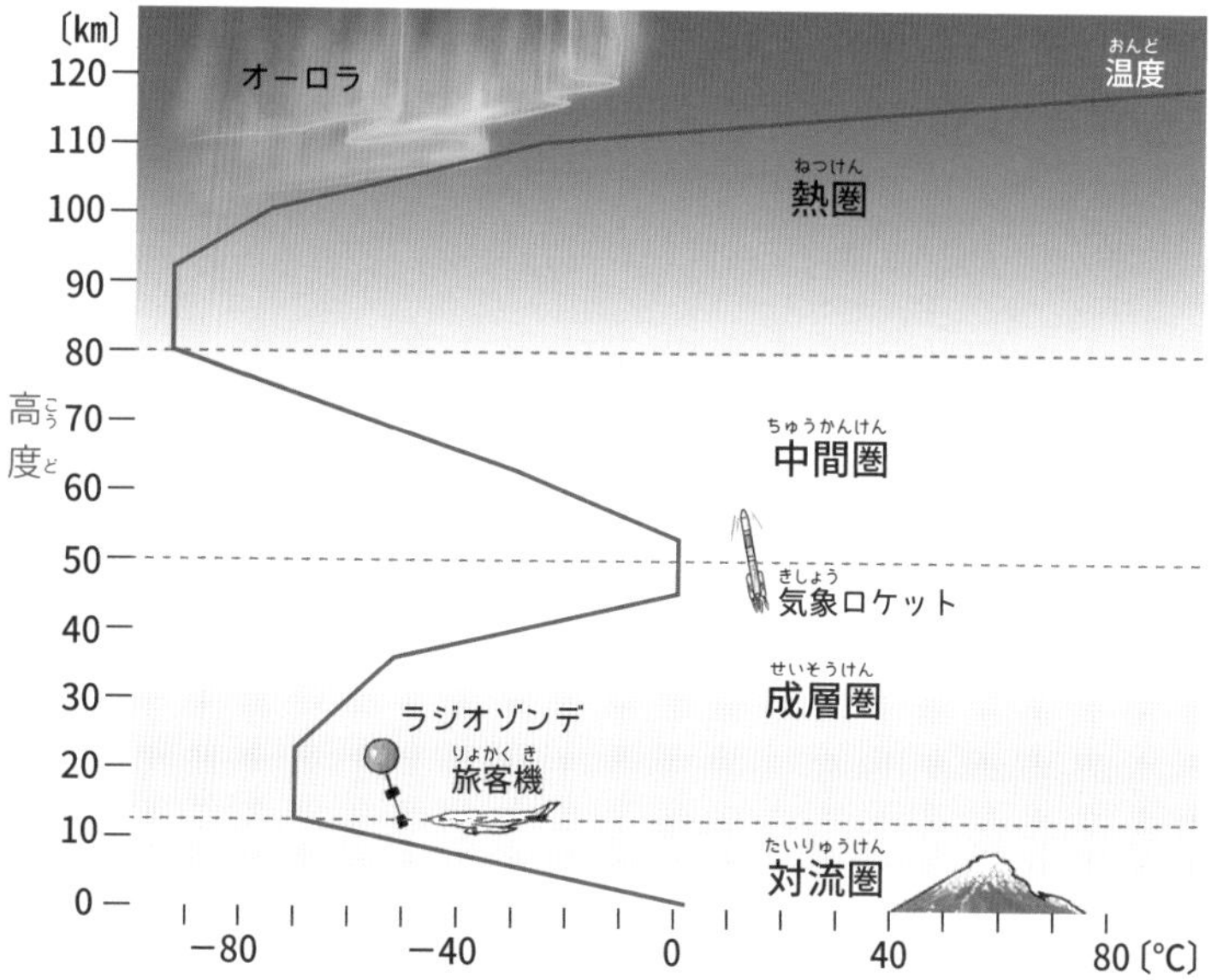

温度《おんど》が低《ひく》く、高度《こうど》80㎞付近《ふきん》でマイナス90℃くらいになります。

その上《うえ》が熱圏《ねっけん》で、高度《こうど》80～800㎞です。熱圏《ねっけん》と呼《よ》ばれるだけあって、高度《こうど》が100㎞を超《こ》えたあたりから急激《きゅうげき》に温度《おんど》が上《あ》がります。人工衛星《じんこうえいせい》や国際宇宙《こくさいうちゅう》ステーションが飛行《ひこう》している高度《こうど》400㎞あたりで1000℃くらいにまでなるので、想像《そうぞう》もつかない世界《せかい》です。宇宙飛行士《うちゅうひこうし》は、そんなに暑《あつ》い場所《ばしょ》で働《はたら》いているの？　と、信《しん》じられないかもしれませんが、熱《ねつ》を伝《つた》える空気《くうき》が少《すく》ないので、暑《あつ》さは感《かん》じないのです。

ちなみに、国際宇宙《こくさいうちゅう》ステーションの中《なか》は常《つね》にエアコンがついているため、20℃前後《ぜんご》と快適《かいてき》で半袖《はんそで》の人《ひと》もいます。

最後《さいご》が、高度《こうど》800～1万《まん》㎞の外気圏《がいきけん》で、温度《おんど》は1000～2000℃くらいになります。

宇宙《うちゅう》に行《い》けば無重力空間《むじゅうりょくくうかん》なの？

宇宙《うちゅう》＝無重力《むじゅうりょく》と思《おも》っている人《ひと》が多《おお》いと思《おも》いますが、多《おお》くの場合《ばあい》、宇宙空間《うちゅうくうかん》は無重力《むじゅうりょく》ではありません。

みなさんの中《なか》には、宇宙飛行士《うちゅうひこうし》が、スペースシャトルや国際宇宙《こくさいうちゅう》ステーションでふわふわと浮《う》いている映像《えいぞう》を見《み》たという人《ひと》もいると思《おも》います。しかし宇宙飛行士《うちゅうひこうし》は、宇宙《うちゅう》が無重力空間《むじゅうりょくくうかん》だから浮《う》いていたのではなく、スペースシャトルや国際宇宙《こくさいうちゅう》ステーションの中《なか》が無重力空間《むじゅうりょくくうかん》（正確《せいかく》には無重量《むじゅうりょう》）だから浮《う》いていただけなのです。

ちょっとややこしいので、分《わ》かりやすく説明《せつめい》しますね。

まず、国際宇宙《こくさいうちゅう》ステーションは地面《じめん》から約《やく》４００㎞上空《じょうくう》を飛《と》んでいますが、これは東京《とうきょう》から大阪《おおさか》くらいの距離《きょり》と同《おな》じになります。この距離《きょり》だと、実《じつ》は88％くらいの重力《じゅうりょく》の影響《えいきょう》を受《う》けています。しかし国際宇宙《こくさいうちゅう》ステーションは90分《ぷん》で地球《ちきゅう》を一周《いっしゅう》するほどのとても速《はや》いスピードで飛《と》ん

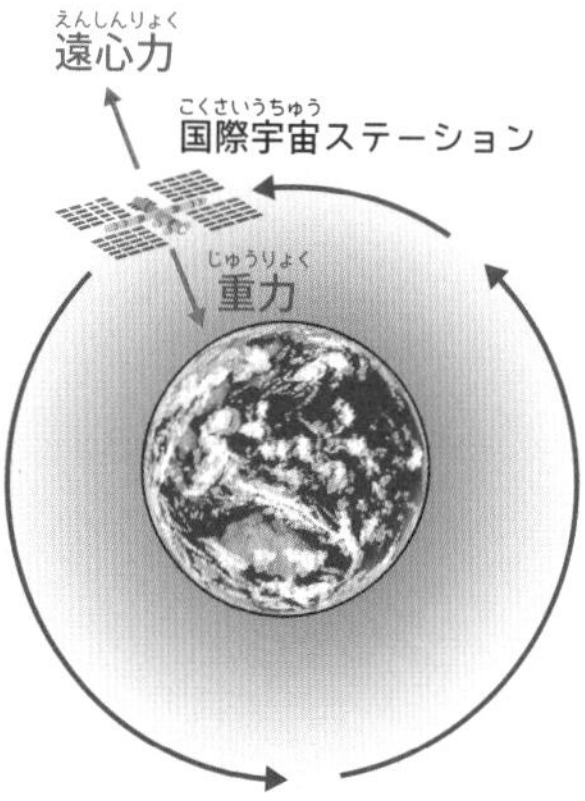

遠心力《えんしんりょく》と重力《じゅうりょく》が
打《う》ち消《け》し合《あ》って無重力《むじゅうりょく》となる

遠心力《えんしんりょく》＝外《そと》に飛《と》ぼうとする力《ちから》

でいるため、遠心力《えんしんりょく》の影響《えいきょう》も受《う》けているのです。遠心力《えんしんりょく》とは外《そと》に飛《と》ぼうとする力《ちから》のことです。たとえばハンマー投《な》げはハンマーをくるくる回《まわ》すことで遠《とお》くに飛《と》ばしています。そして外《そと》に飛《と》ぼうとする力《ちから》は、速《はや》く回転《かいてん》すればするほど強《つよ》くなります。国際宇宙《こくさいうちゅう》ステーションは時速《じそく》2万《まん》8千《せん》㎞という新幹線《しんかんせん》の100倍《ばい》のスピードで地球《ちきゅう》を回《まわ》っているため、重力《じゅうりょく》と同《おな》じ力《ちから》の遠心力《えんしんりょく》が働《はたら》き無重力《むじゅうりょく》になるのです。それなら、地球《ちきゅう》からもっと離《はな》れたらどうなるの？　と、思《おも》いますよね。でも宇宙《うちゅう》にはたくさんの天体《てんたい》があるため、どの天体《てんたい》からも重力《じゅうりょく》の影響《えいきょう》を受《う》けない場所《ばしょ》というのは、なかなかありません。では、無重力空間《むじゅうりょくくうかん》は存在《そんざい》しないのかというと、そんなことはなく、天体《てんたい》と天体《てんたい》の重力《じゅうりょく》が釣《つ》り合《あ》うような、本当《ほんとう》に限《かぎ》られた一部《いちぶ》の場所《ばしょ》にだけに存在《そんざい》し、「ラグランジュポイント」と呼《よ》ばれています。

星《ほし》に触《さわ》ることができますか

難《むずか》しい質問《しつもん》ですね。これは、「星《ほし》によって違《ちが》う」としかいいようがありません。

星《ほし》と呼《よ》ばれる天体《てんたい》には、太陽《たいよう》のように輝《かがや》く恒星《こうせい》、地球《ちきゅう》のような惑星《わくせい》、小《ちい》さな小惑星《しょうわくせい》などがあります。星《ほし》は地球《ちきゅう》から見《み》ると光《ひか》り輝《かがや》く小《ちい》さな点《てん》にしか見《み》えませんが、実際《じっさい》は大《おお》きさも、温度《おんど》も、何《なに》でできているのかも違《ちが》うのです。

たとえば、太陽《たいよう》は表面《ひょうめん》の温度《おんど》が約《やく》6000℃もあるため熱《あつ》すぎて触《さわ》れません。木星《もくせい》や土星《どせい》もガスでできていて、地球《ちきゅう》で言《い》うような「地面《じめん》」がないため、触《さわ》ろうとしても手《て》がすり抜《ぬ》けてしまいます。

月《つき》や火星《かせい》は地面《じめん》があるので宇宙服《うちゅうふく》を着《き》た状態《じょうたい》であれば触《さわ》れます。実際《じっさい》にアポロ計画《けいかく》では月《つき》に着陸《ちゃくりく》し、12人《にん》の宇宙《うちゅう》飛行士《ひこうし》が月《つき》に触《さわ》っています。『はやぶさ2』が向《む》かった小惑星《しょうわくせい》にも地面《じめん》があり、宇宙服《うちゅうふく》を着《き》ていれば触《さわ》れます。

宇宙《うちゅう》から星《ほし》は、どのように見《み》えますか

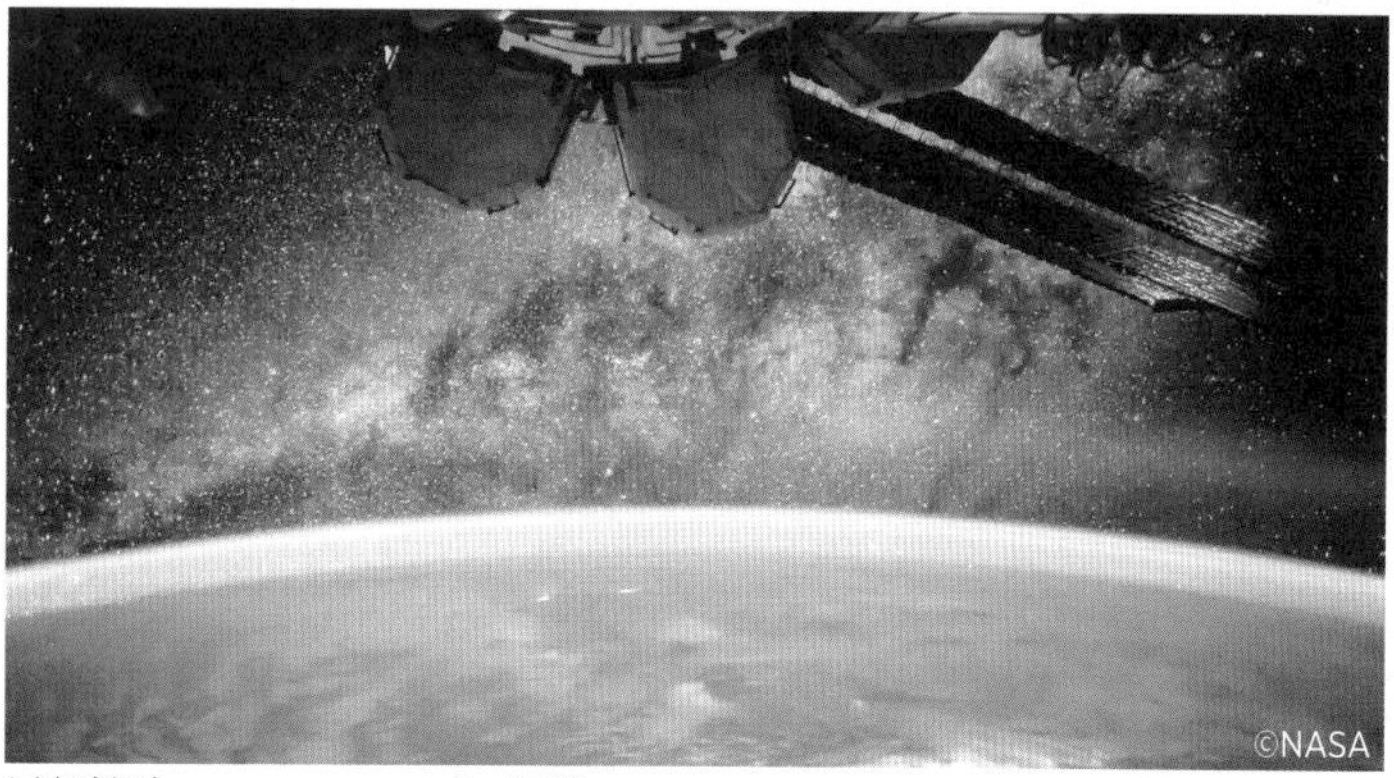

国際宇宙《こくさいうちゅう》ステーションから見《み》た星空《ほしぞら》

宇宙《うちゅう》では地球《ちきゅう》で見《み》るよりもたくさんの星《ほし》を見《み》ることができます。ただし、遥《はる》か彼方《かなた》まで行《い》かない限《かぎ》り、国際宇宙《こくさいうちゅう》ステーションや月《つき》くらいの距離《きょり》では、星座《せいざ》の形《かたち》は地球《ちきゅう》と変《か》わりません。宇宙《うちゅう》と地球《ちきゅう》との一番《いちばん》の違《ちが》いは光《ひか》り方《かた》です。地球《ちきゅう》から星《ほし》を見《み》ると、光《ひかり》が揺《ゆ》らいで、チカチカとまたたいて見《み》えますよね。このチカチカは「シンチレーション」と呼《よ》ばれ、空気《くうき》を通《とお》して星《ほし》を見《み》るために起《お》こる現象《げんしょう》で、宇宙《うちゅう》ではこのチカチカはありません。空気《くうき》の無《な》い宇宙《うちゅう》で星《ほし》を見《み》ると、光《ひかり》がまっすぐに澄《す》んで見《み》えるのです。まさにプラネタリウムのようです。地球《ちきゅう》では、空気《くうき》が薄《うす》い高《たか》い山《やま》の上《うえ》に天文台《てんもんだい》を作《つく》ることが多《おお》いですが、これはシンチレーションの影響《えいきょう》を避《さ》けるためです。ハッブル宇宙《うちゅう》望遠鏡《ぼうえんきょう》など宇宙《うちゅう》に打《う》ち上《あ》げられた望遠鏡《ぼうえんきょう》からは、シンチレーションの影響《えいきょう》を受《う》けることなく、星《ほし》を観察《かんさつ》できます。

宇宙《うちゅう》にもゴミはあるのですか

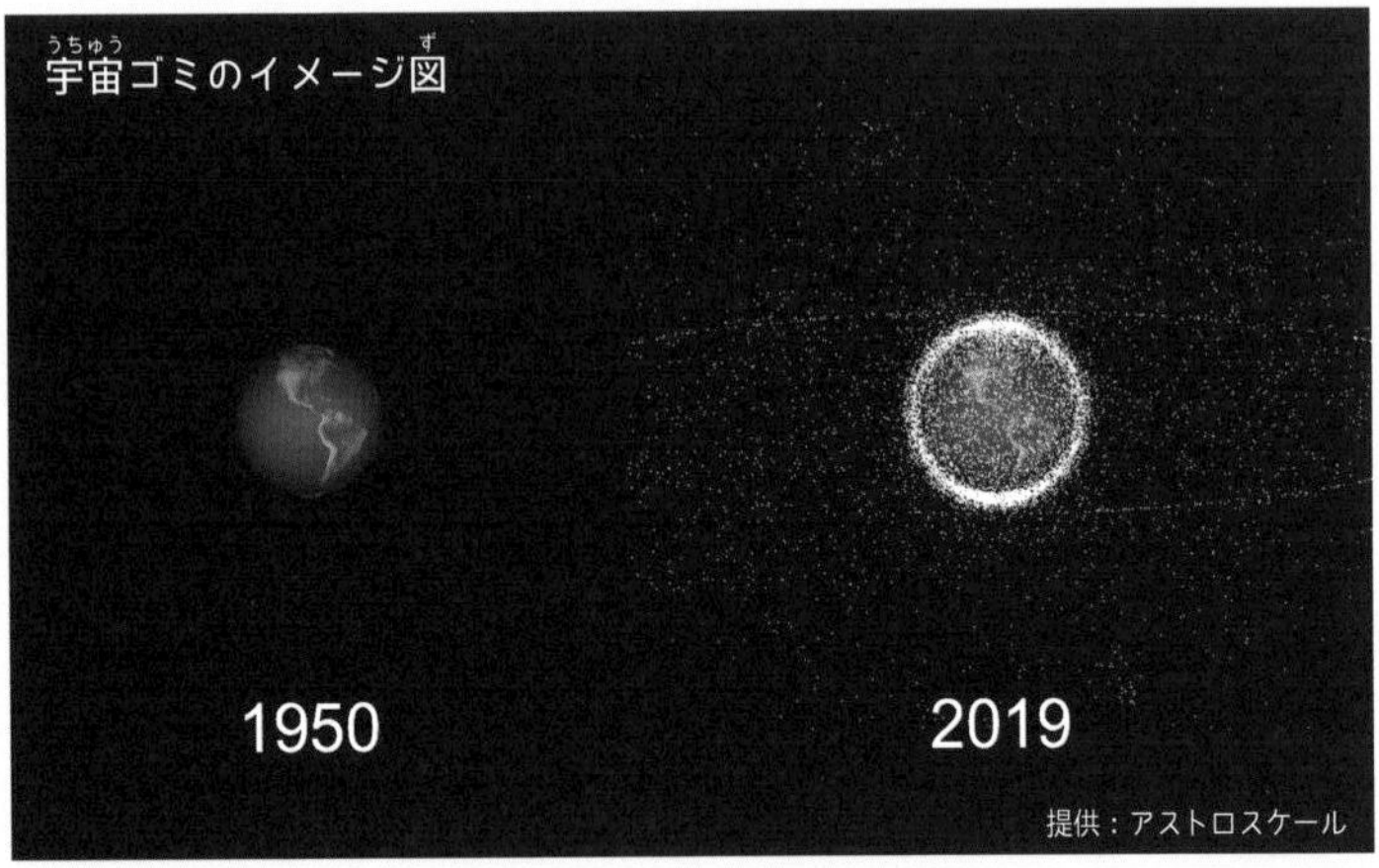

宇宙開発《うちゅうかいはつ》が進《すす》んだことで、地球《ちきゅう》の周《まわ》りに大量《たいりょう》の宇宙《うちゅう》ゴミがあふれていることがわかる

古《ふる》くなって使《つか》えなくなった人工衛星《じんこうえいせい》やロケット打《う》ち上《あ》げで使用《しよう》して切《き》り離《はな》した上段部《じょうだんぶ》、打《う》ち上《あ》げに失敗《しっぱい》したロケットなどが宇宙《うちゅう》に漂《ただよ》い、それらが「宇宙《うちゅう》ゴミ（スペースデブリ）」となっています。10cm以上《いじょう》のサイズになると地上《ちじょう》から観測《かんそく》できますが、その数《かず》は2万個以上《まんこいじょう》もあるといわれています。しかも宇宙空間《うちゅうくうかん》にはほとんど空気《くうき》がないため、宇宙《うちゅう》ゴミは長《なが》い間落下《あいだらっか》することなく高速《こうそく》で飛《と》び続《つづ》けます。どのくらい高速《こうそく》かというと、秒速《びょうそく》8km（マッハ25）。このため、わずか1cmでも大《おお》きな破壊力《はかいりょく》があり、「飛《と》んでいる弾丸《だんがん》」と呼《よ》ばれるほど、宇宙船《うちゅうせん》の天敵《てんてき》になっています。もちろん宇宙船側《うちゅうせんがわ》も対策《たいさく》をしており、10cm以上《いじょう》の宇宙《うちゅう》ゴミが近《ちか》づいたときは、地球《ちきゅう》からの観測《かんそく》による警報《けいほう》を受《う》けて避《さ》けています。しかしそれより小《ちい》さな宇宙《うちゅう》ゴミになると気《き》づかずにぶつかってしまうことがあるのです。

私《わたし》がスペースシャトルに15日間滞在《にちかんたいざい》している間《あいだ》にも、窓《まど》ガラスにひびが入《はい》っていたことが3回《かい》もありました。もし、完全《かんぜん》に割《わ》れてしまっていたら、スペースシャトル内《ない》の空気《くうき》が漏《も》れ出《だ》して大変《たいへん》なことになっていたと思《おも》います。そう考《かんが》えると、小《ちい》さくても破壊力《はかいりょく》のすごい宇宙《うちゅう》ゴミは、本当《ほんとう》に怖《こわ》いのです。

実《じつ》は２００９年《ねん》2月《がつ》に、世界《せかい》で初《はじ》めて人工衛星同士《じんこうえいせいどうし》の大《おお》きな衝突事故《しょうとつじこ》がありました。ぶつかったのは、使用中《しようちゅう》のアメリカの人工衛星《じんこうえいせい》と、ロシアの使《つか》われていない人工衛星《じんこうえいせい》でした。この事故《じこ》で両方《りょうほう》の人工衛星《じんこうえいせい》が壊《こわ》れてしまっただけでなく、宇宙《うちゅう》ゴミが千個以上《せんこいじょう》生《う》まれたといわれています。このように、宇宙《うちゅう》ゴミ同士《どうし》の衝突《しょうとつ》や宇宙《うちゅう》ゴミと人工衛星《じんこうえいせい》との衝突《しょうとつ》により、宇宙《うちゅう》ゴミはどんどん増《ふ》えているのです。

宇宙《うちゅう》ゴミは掃除《そうじ》しないの？

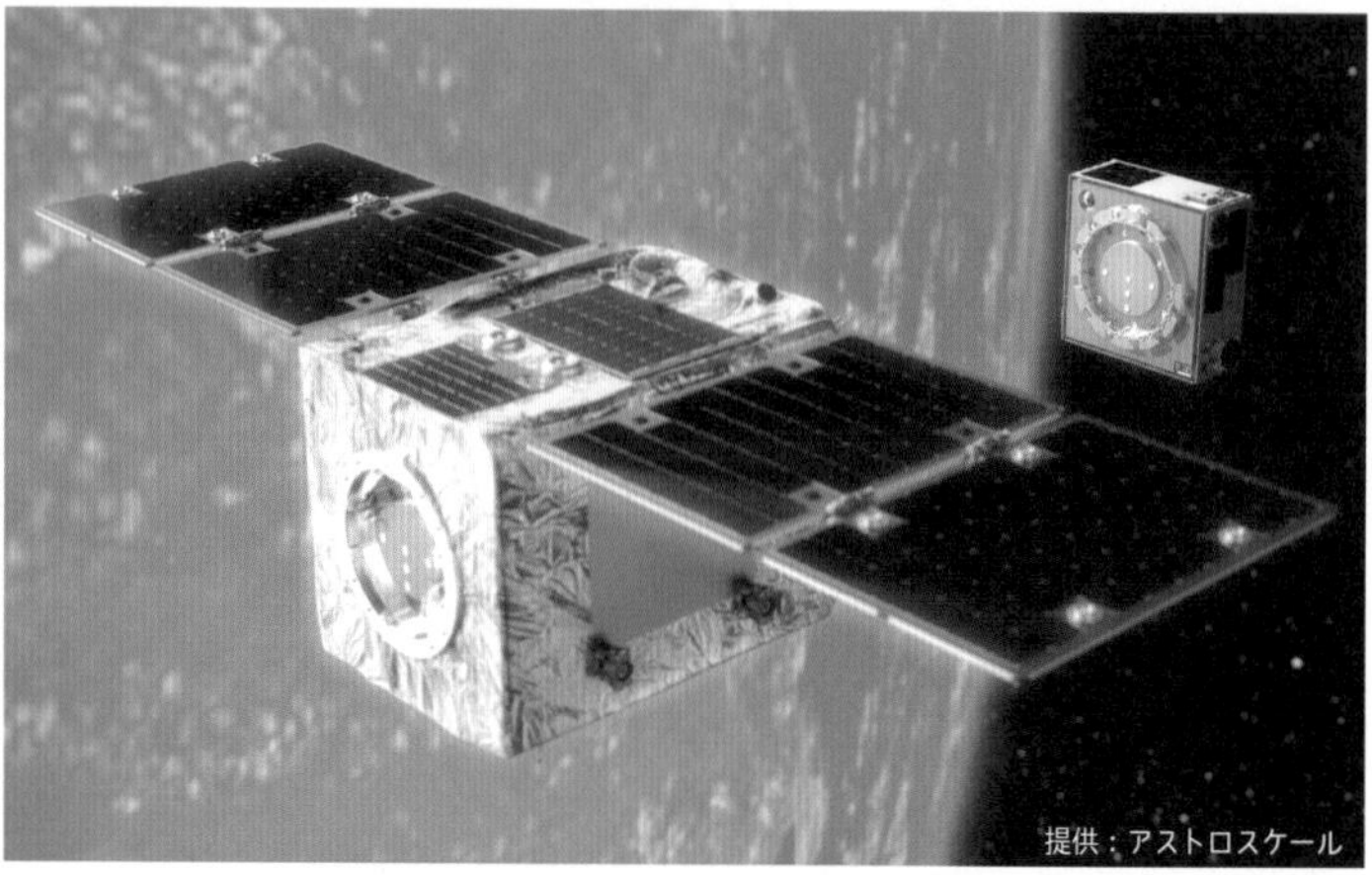

提供：アストロスケール

アストロスケール社《しゃ》が開発《かいはつ》している宇宙《うちゅう》デブリ除去衛星実証機《じょきょえいせいじっしょうき》『ELSA-d《エルサディー》』のイメージ図《ず》

宇宙《うちゅう》ゴミ（宇宙《うちゅう》デブリ）の掃除《そうじ》については、いろいろなやり方《かた》が世界中《せかいじゅう》で研究《けんきゅう》されています。最近実験《さいきんじっけん》されたのは、魚《さかな》を捕《つか》まえるみたいに網《あみ》のようなもので宇宙《うちゅう》ゴミをすくい、そのまま落下《らっか》させて大気圏《たいきけん》で燃《も》え尽《つ》きさせる方法《ほうほう》です。また、使《つか》われなくなった人工衛星《じんこうえいせい》などにレーザーを当《あ》てることで大気圏《たいきけん》へ突入《とつにゅう》させ、処分《しょぶん》する方法《ほうほう》も研究《けんきゅう》されています。このように宇宙《うちゅう》ゴミが注目《ちゅうもく》される中《なか》、「宇宙《うちゅう》専門《せんもん》のゴミ回収会社《かいしゅうかいしゃ》」が誕生《たんじょう》しはじめています。その中《なか》の一社《いっしゃ》、アストロスケール社《しゃ》は、回収《かいしゅう》したい衛星《えいせい》などにあらかじめ磁石《じしゃく》に付《つ》く部品《ぶひん》を取《と》り付《つ》けてもらい、打《う》ち上《あ》げた回収用衛星《かいしゅうようえいせい》の磁石《じしゃく》とくっつけ、大気圏《たいきけん》で燃《も》え尽《つ》きさせるという方法《ほうほう》を採用《さいよう》しています。ＪＡＸＡ《ジャクサ》でも宇宙《うちゅう》デブリ対策《たいさく》を企業《きぎょう》と共創《きょうそう》しており、内閣府《ないかくふ》では広《ひろ》い範囲《はんい》で宇宙《うちゅう》ビジネスのアイデアコンテストを開催《かいさい》しています。

宇宙《うちゅう》から見《み》た地球《ちきゅう》はどんな感《かん》じ

人類史上初《じんるいしじょうはつ》の宇宙飛行《うちゅうひこう》を成功《せいこう》させたソ連《れん》の宇宙飛行士《うちゅうひこうし》、ユーリイ・ガガーリンの「地球《ちきゅう》は青《あお》かった」が有名《ゆうめい》ですが、実際《じっさい》は「空《そら》は非常《ひじょう》に暗《くら》かった。一方《いっぽう》、地球《ちきゅう》は青《あお》みがかっていた」が正《ただ》しいようです。

私《わたし》が宇宙《うちゅう》から見《み》た地球《ちきゅう》も青《あお》く輝《かがや》いており、まるで生《い》きているかのように見《み》えました。雲《くも》は流《なが》れ、海流《かいりゅう》は動《うご》き、北極《ほっきょく》や南極《なんきょく》に近《ちか》いところではオーロラがきらめき、夜《よる》は街《まち》の灯《あか》りが輝《かがや》き、昼《ひる》は大自然《だいしぜん》の力強《ちからづよ》さ、夜《よる》は人《ひと》の営《いとな》みの力強《ちからづよ》さを感《かん》じさせてくれています。それは一人《ひとり》ひとりが苦難《くなん》を乗《の》り越《こ》えつつ、一生懸命《いっしょうけんめい》生《い》きているからこその生命《せいめい》の輝《かがや》きなのだと感《かん》じます。

私《わたし》は地球《ちきゅう》を見《み》たとき、生《う》まれてきたことに心《こころ》から感謝《かんしゃ》するだけでなく、この輝《かがや》きを未来《みらい》へとつないでいきたいと思《おも》いました。

宇宙《うちゅう》に匂《にお》いはありますか

©NASA

空気《くうき》のない宇宙《うちゅう》には、匂《にお》いはないものと、私《わたし》も思《おも》いこんでいました。しかし実際《じっさい》に宇宙《うちゅう》に行《い》ってみて、「宇宙《うちゅう》の匂《にお》い」を知《し》ることができました。もちろん、生身《なまみ》で宇宙空間《うちゅうくうかん》に出《で》て、宇宙《うちゅう》の匂《にお》いを確《たし》かめたわけではありませんが、船外活動《せんがいかつどう》を終《お》えた宇宙飛行士《うちゅうひこうし》が宇宙船《うちゅうせん》に戻《もど》ってきたときに、ちょっと甘酸《あまず》っぱいような、焦《こ》げたような匂《にお》いが宇宙服《うちゅうふく》についているのを感《かん》じたのです。

船長《せんちょう》に尋《たず》ねると、これこそが「宇宙《うちゅう》の匂《にお》い」だと教《おし》えてくれました。研究者《けんきゅうしゃ》によると、宇宙空間《うちゅうくうかん》にはまったく何《なに》もないわけではなく、少《すこ》しの分子《ぶんし》や有機物《ゆうきぶつ》があり、ギ酸《さん》エチルという成分《せいぶん》が甘酸《あまず》っぱい匂《にお》いを、イオンの高《こう》エネルギー振動《しんどう》が金属《きんぞく》の焼《や》けたような匂《にお》いを出《だ》しているとのことです。これらの成分《せいぶん》が宇宙服《うちゅうふく》について、匂《にお》いが伝《つた》わってきたのです。

宇宙《うちゅう》の果《は》てってどこですか

1万光年離《まんこうねんはな》れた天体《てんたい》の光《ひかり》が地球《ちきゅう》に届《とど》くには、1万年《まんねん》の時間《じかん》がかかる。いま私《わたし》たちが観察《かんさつ》している1万光年離《まんこうねんはな》れた天体《てんたい》の姿《すがた》は、1万年前《まんねんまえ》の姿《すがた》であり、宇宙《うちゅう》が誕生《たんじょう》する前《まえ》（138億《おく》年前《ねんまえ》）の光《ひかり》は地球《ちきゅう》に届《とど》かない。そのため、138億光年《おくこうねん》より離《はな》れた天体《てんたい》の観察《かんさつ》はできない。

地球《ちきゅう》から約《やく》１３８億《おく》光《こう》年《ねん》離《はな》れた場所《ばしょ》が「宇宙《うちゅう》の果《は》て」だという意見《いけん》があります。ではそこから先《さき》は、宇宙《うちゅう》がないのか？　と思《おも》うのは間違《まちが》いです。私《わたし》たちの宇宙《うちゅう》が１３８億年前《おくねんまえ》に生《う》まれたため、どんなに遠《とお》くまで観測《かんそく》できる望遠鏡《ぼうえんきょう》を作《つく》っても、それより遠《とお》くの宇宙《うちゅう》は地球《ちきゅう》からは見《み》えないのです。どういうことかというと、私《わたし》たちは光《ひかり》を見《み》ているため、光《ひかり》で１３８億年《おくねん》かかる範囲《はんい》までの宇宙《うちゅう》しか見《み》ることができないわけです。ただ宇宙《うちゅう》はふくらみ続《つづ》けているため、約《やく》１３８億光年前《おくこうねんまえ》の「宇宙《うちゅう》の果《は》て」の場所《ばしょ》は、今《いま》の宇宙《うちゅう》で測《はか》れば、約《やく》４７０億光年先《おくこうねんさき》になります。そのため約《やく》４７０億光年先《おくこうねんさき》を「観測可能《かんそくかのう》な宇宙《うちゅう》の果《は》て」と呼《よ》んだりします。実《じつ》は国立天文台制作《こくりつてんもんだいせいさく》のMitaka《ミタカ》というフリーソフトを使《つか》うと、自宅《じたく》のパソコンからでも、地球《ちきゅう》から宇《う》宙《ちゅう》の果《は》てまでの最新《さいしん》の姿《すがた》を見《み》ることができます。

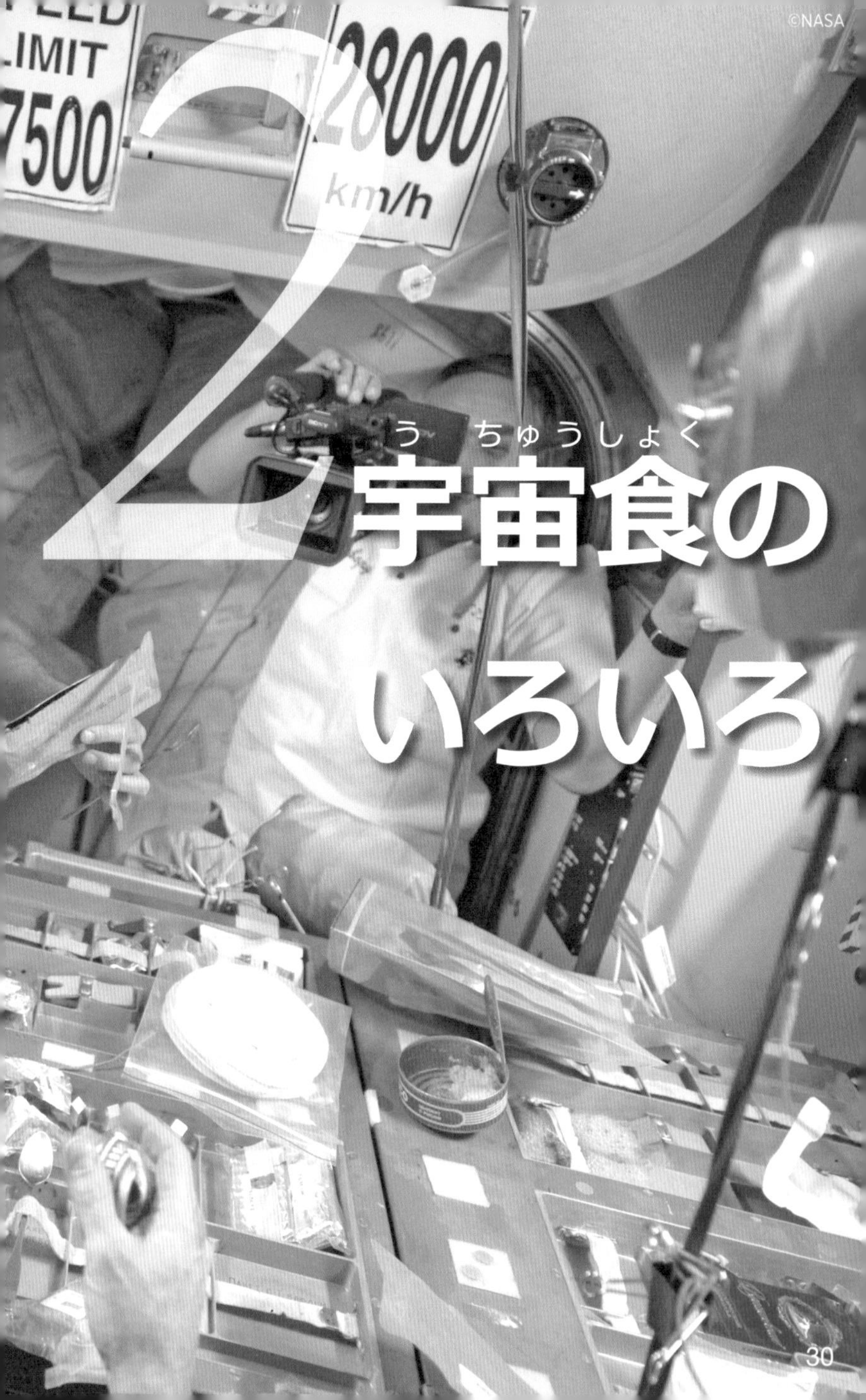

©NASA

2 宇宙食《うちゅうしょく》のいろいろ

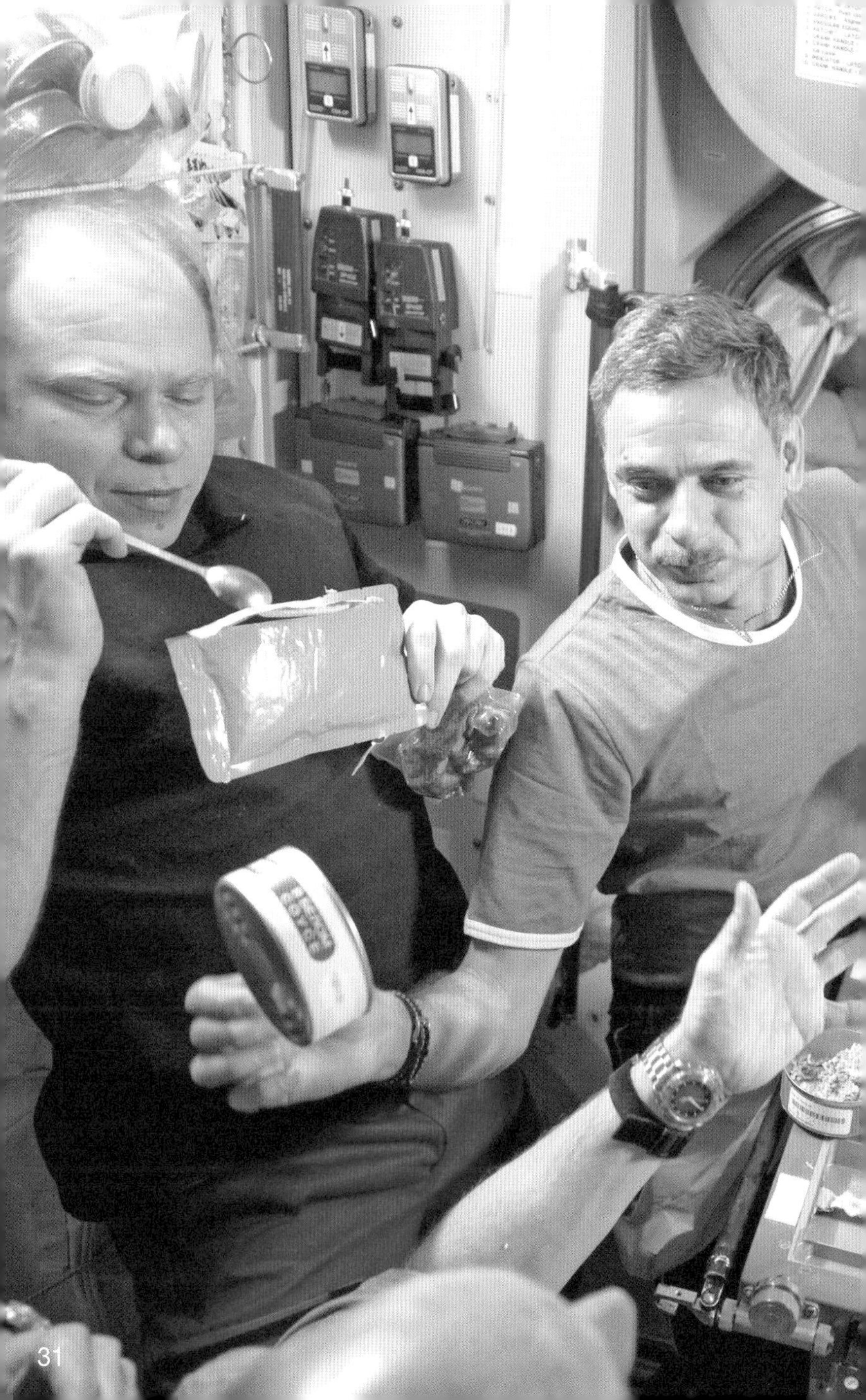

宇宙食《うちゅうしょく》のはじまりを教《おし》えて

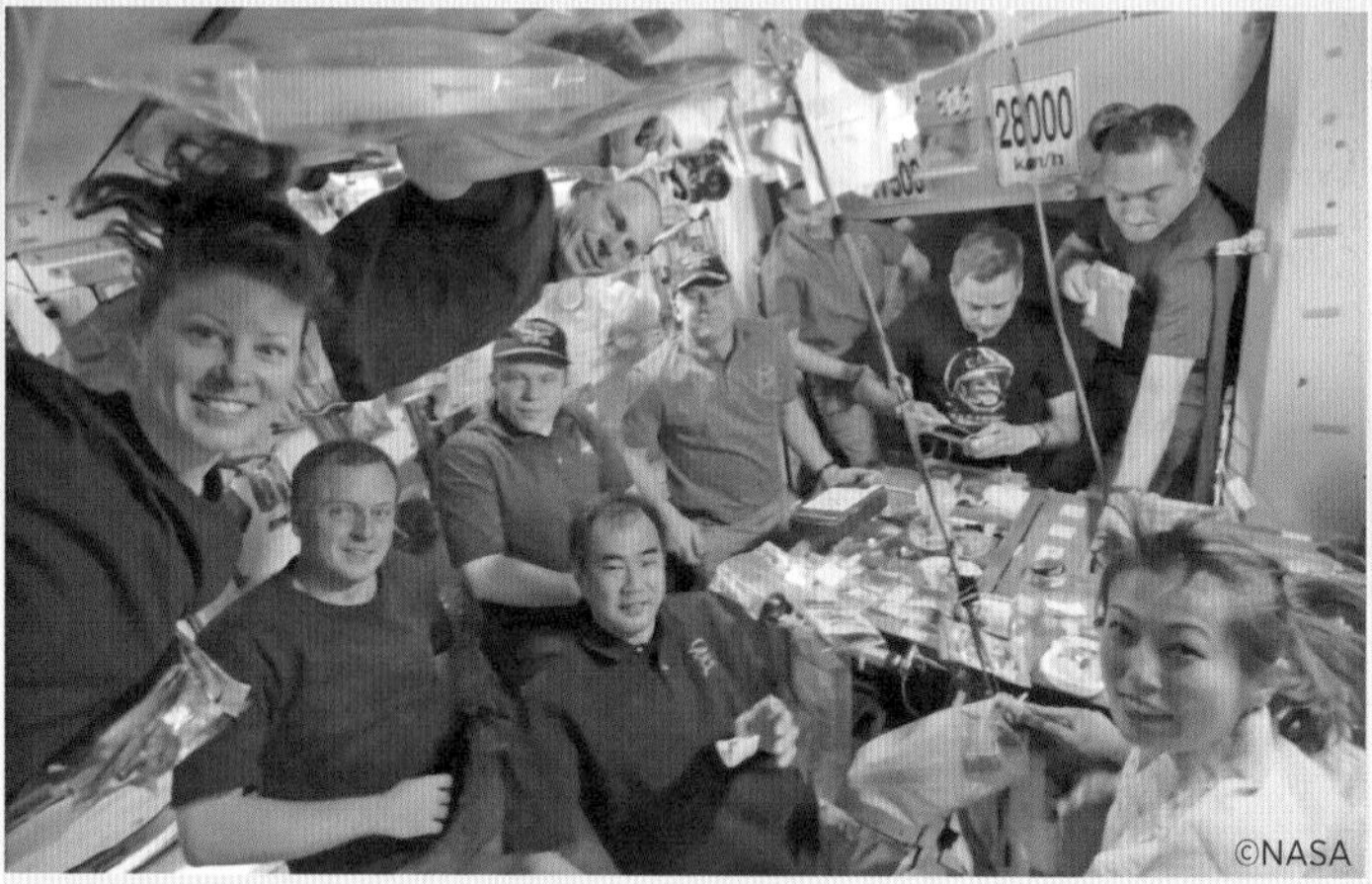

国際宇宙《こくさいうちゅう》ステーションで手巻《てま》き寿司《ずし》を振《ふ》る舞《ま》う様子《ようす》

その昔《むかし》、「無重力《むじゅうりょく》で食事《しょくじ》をすると、のどに詰《つ》まらせるかもしれない」という心配《しんぱい》から、宇宙食《うちゅうしょく》といえばドロドロにすりつぶした食《た》べ物《もの》を、歯磨《はみが》き粉《こ》チューブに詰《つ》めたものでした。しかし1965年《ねん》、この宇宙食《うちゅうしょく》を嫌《いや》がったアメリカの宇宙飛行士《うちゅうひこうし》が、宇宙《うちゅう》に到着《とうちゃく》してから食《た》べようと、サンドイッチをポケットに隠《かく》して地球《ちきゅう》を出発《しゅっぱつ》したそうです。しかし、長時間《ちょうじかん》ポケットに入《い》れてあったためパンも乾《かわ》ききってしまい、宇宙船《うちゅうせん》の中《なか》にパンくずが飛《と》び散《ち》って大変《たいへん》だったそうです。このときパンくずが機械《きかい》の中《なか》に入《はい》り込《こ》んでいたら、機械《きかい》を壊《こわ》していたかもしれません。こうしたことがきっかけで、宇宙食《うちゅうしょく》の開発《かいはつ》が進《すす》むようになったのです。今《いま》では300種類《しゅるい》ほどが宇宙食《うちゅうしょく》のメニューになっていて、カレーや白米《はくまい》、ラーメンなど日本食《にほんしょく》も数十種類《すうじゅっしゅるい》あります。もちろん、アメリカ食《しょく》やロシア食《しょく》もあります。

宇宙食《うちゅうしょく》は普通《ふつう》の食《た》べ物《もの》と何《なに》が違《ちが》うの？

宇宙食《うちゅうしょく》は衛生面《えいせいめん》がとても重要《じゅうよう》です。これは、宇宙《うちゅう》でお腹《なか》が痛《いた》くなっても病院《びょういん》に行《い》けないからで、そのため生《い》きている菌《きん》の多《おお》い食《た》べ物《もの》は持《も》っていけません。たとえば日本人《にほんじん》が大好《だいす》きな納豆《なっとう》や漬物《つけもの》は認《みと》められていません。

また、宇宙船《うちゅうせん》の中《なか》で食《た》べても危険《きけん》でないことが大切《たいせつ》です。食《た》べ物《もの》で危険《きけん》って不思議《ふしぎ》ですよね。たとえばスープのような液体《えきたい》は飛《と》び散《ち》らないようにとろみをつけたり、ストローで飲《の》めるように工夫《くふう》したりしています。細《こま》かい食《た》べカスがでるものも、宇宙船《うちゅうせん》のエアコンの中《なか》に入《はい》って壊《こわ》してしまう危険《きけん》があるため禁止《きんし》です。また、狭《せま》い空間《くうかん》のため臭《にお》いの強《つよ》い食《た》べ物《もの》も禁止《きんし》されています。

この他《ほか》にも、国際宇宙《こくさいうちゅう》ステーションには実験用以外《じっけんよういがい》の冷蔵庫《れいぞうこ》がないため、常温《じょうおん》での賞味期限《しょうみきげん》が1年半以上《ねんはんいじょう》ないと宇宙食《うちゅうしょく》として認《みと》められません。

宇宙食《うちゅうしょく》にはどのような国《くに》の料理《りょうり》があるのですか

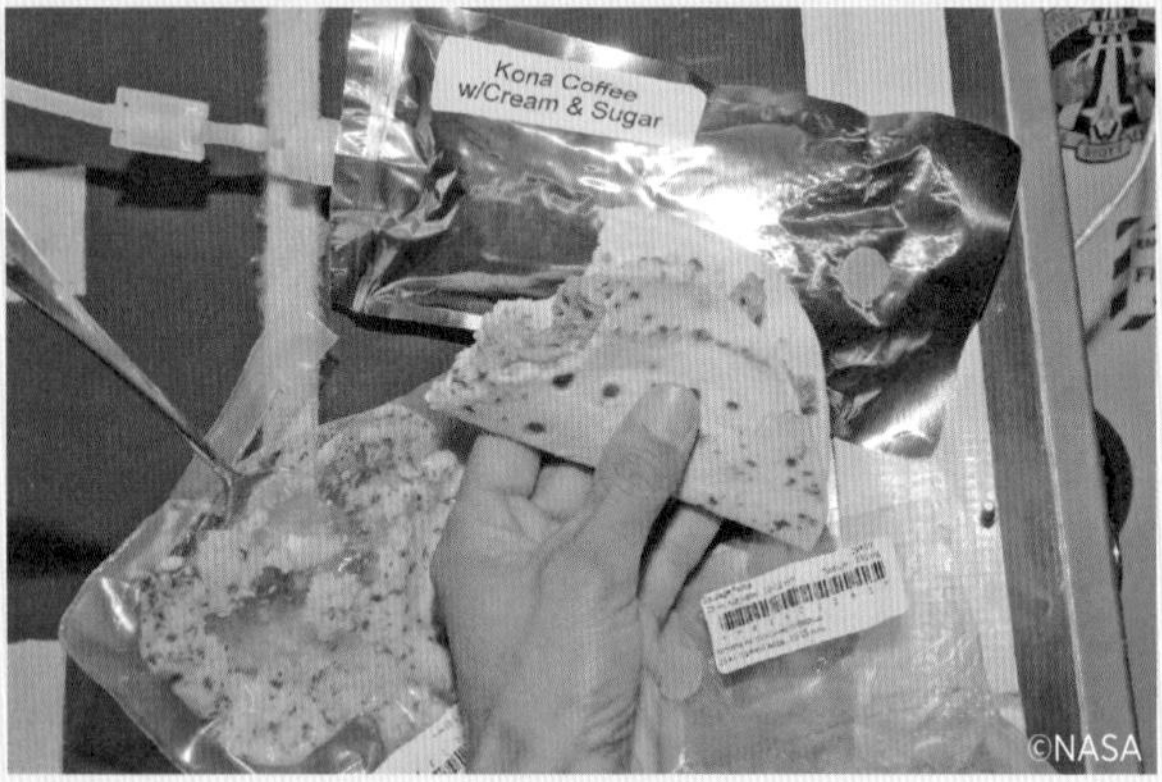

コナコーヒー（アメリカ）とトルティーヤ（メキシコ）

宇宙《うちゅう》には、いろいろな国《くに》の宇宙飛行士《うちゅうひこうし》が行《い》くため、宇宙食《うちゅうしょく》も年々国際色豊《ねんねんこくさいしょくゆた》かになっています。

フランスでは三《み》つ星《ぼし》レストランの有名《ゆうめい》シェフがプロデュースした料理《りょうり》を缶詰《かんづめ》にした「宇宙《うちゅう》コース食《しょく》」が作《つく》られました。また、カナダの宇宙飛行士《うちゅうひこうし》が旅立《たびだ》つときには、カナダの特産品《とくさんひん》であるメープルシロップ入《い》りのクッキーやスモークサーモンが用意《ようい》され、韓国《かんこく》では、乳酸菌《にゅうさんきん》を使用《しよう》しないキムチが宇宙食《うちゅうしょく》として開発《かいはつ》されました。

これらの宇宙食《うちゅうしょく》は、誰《だれ》もが食《た》べられる「標準食《ひょうじゅんしょく》」ではなく、各宇宙飛行士《かくうちゅうひこうし》が自分《じぶん》のために用意《ようい》できる「特別食《とくべつしょく》」として宇宙《うちゅう》に持《も》って行《い》くことがほとんどです。しかし宇宙《うちゅう》飛行士《ひこうし》の評判《ひょうばん》がいいと、標準食《ひょうじゅんしょく》になることもあります。トルティーヤは、宇宙《うちゅう》でもくずが出《で》なくて食《た》べやすいということで特別食《とくべつしょく》から標準食《ひょうじゅんしょく》になりました。

宇宙食《うちゅうしょく》はおいしいですか

©JAXA

最近《さいきん》では種類《しゅるい》もかなり増《ふ》えて、だいぶおいしくなっています。

意外《いがい》かもしれませんが、宇宙食《うちゅうしょく》にはスーパーで普通《ふつう》に売《う》っているものもあります。パッケージを宇宙用《うちゅうよう》に変《か》えただけで、味《あじ》はまったく同《おな》じです。

ただ宇宙船《うちゅうせん》や国際宇宙《こくさいうちゅう》ステーション内《ない》は無重力空間《むじゅうりょくくうかん》のため、頭《あたま》に血《ち》がのぼったような状態《じょうたい》になりがちで、風邪《かぜ》をひいて鼻詰《はなづ》まりを起《お》こした時《とき》のようになります。そのため、同《おな》じ食《た》べ物《もの》でも、宇宙《うちゅう》で食《た》べるとあまりおいしく感《かん》じなくなるようです。結果《けっか》、宇宙飛行士《うちゅうひこうし》には味《あじ》が濃《こ》いものやスパイスの効《き》いたものが好《この》まれています。宇宙《うちゅう》で食《た》べるカレーは少《すこ》し辛口《からくち》です。

興味《きょうみ》があれば、ネットなどで売《う》っていますので挑戦《ちょうせん》してみてください。

宇宙食《うちゅうしょく》の味付《あじつ》けは地球《ちきゅう》のものと同《おな》じですか

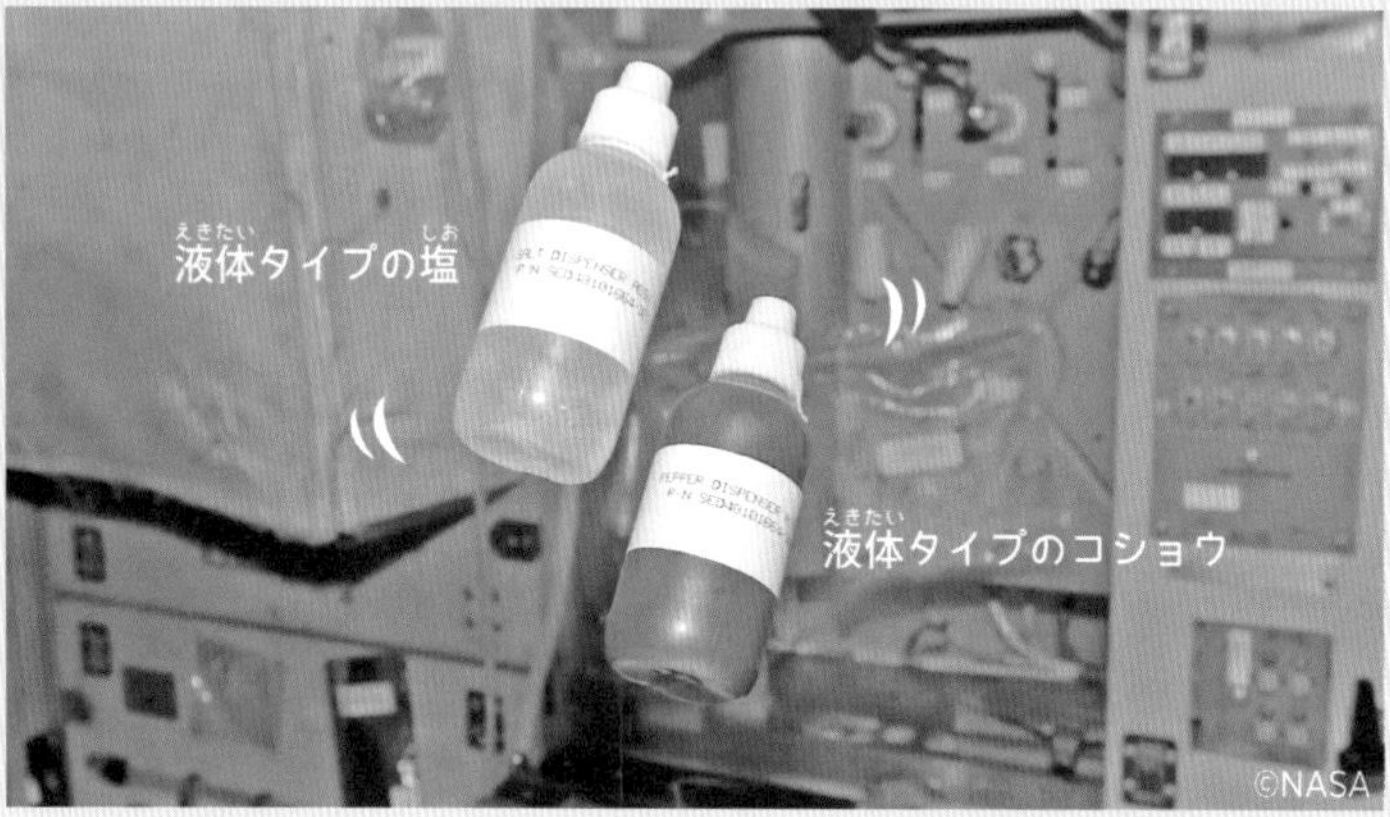

宇宙《うちゅう》では、頭《あたま》に血《ち》や体液《たいえき》がのぼってしまうため、鼻《はな》づまり気味《きみ》になり、風邪《かぜ》をひいたときのように、味《あじ》がぼんやり感《かん》じられる人《ひと》もいます。そのため宇宙食《うちゅうしょく》は、地球《ちきゅう》の味付《あじつ》けよりも少《すこ》し濃《こ》い、スパイスを効《き》かせたものが好《この》まれます。たとえば、宇宙食用《うちゅうしょくよう》に開発《かいはつ》されたカレーには、カレーの基本《きほん》スパイスのひとつであるターメリック（ウコン）が通常《つうじょう》の1・7倍《ばい》も入《はい》っています。

国際宇宙《こくさいうちゅう》ステーションには、ケチャップ、ソース、マヨネーズ、塩《しお》やコショウも用意《ようい》されていますが、これら調味料《ちょうみりょう》も、宇宙《うちゅう》への滞在日数《たいざいにっすう》が長《なが》くなると、だんだん使《つか》う量《りょう》が増《ふ》えていくようです。最近《さいきん》は日本《にほん》のわさびも人気《にんき》だそうです。塩《しお》やコショウは、地球《ちきゅう》で使《つか》うような粉状《こなじょう》のままだと飛《と》び散《ち》ってしまうため、水《みず》や油《あぶら》に溶《と》かした液体《えきたい》タイプのものを使《つか》います。

食《た》べるときは何《なに》を使《つか》うの？

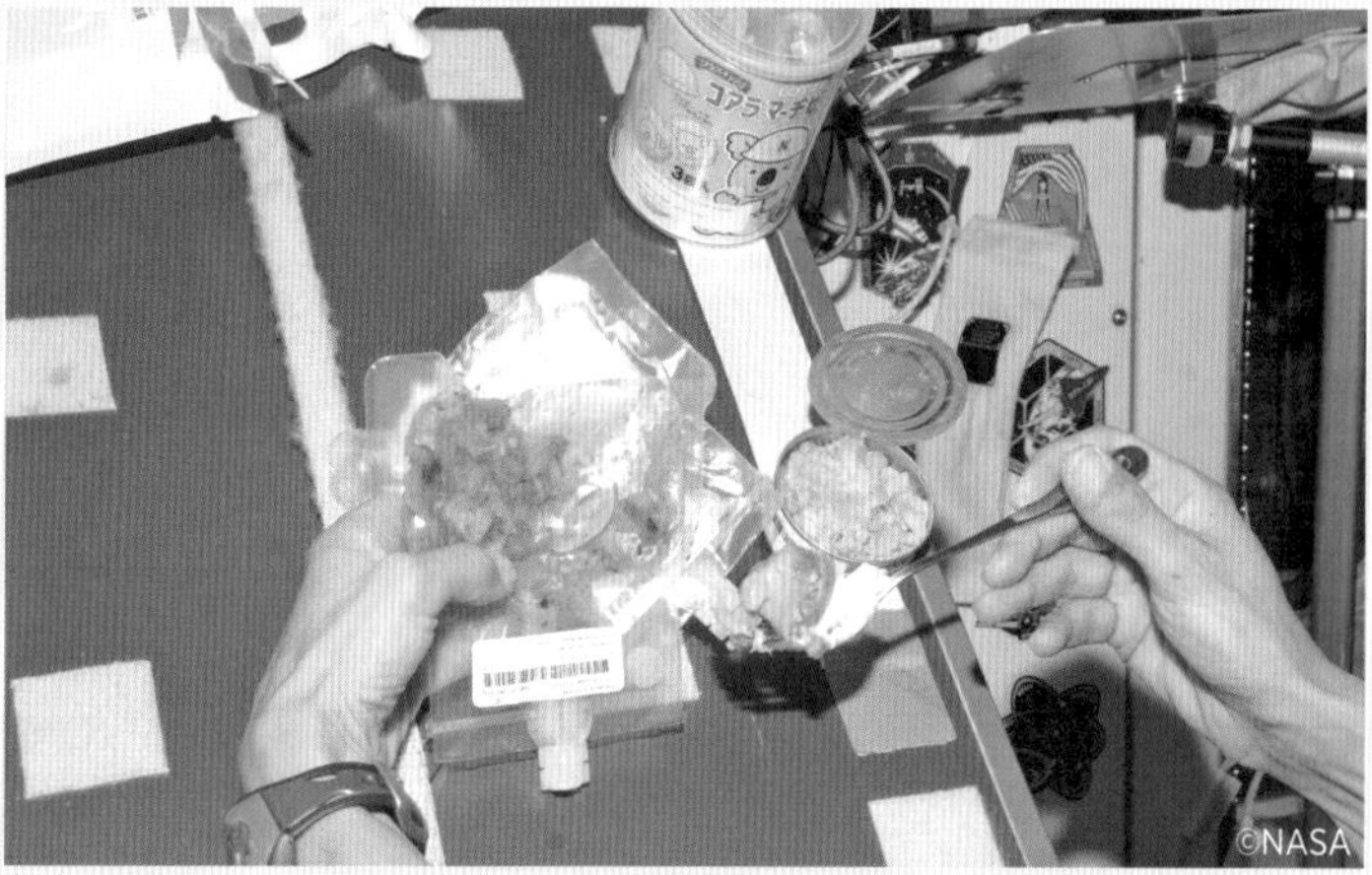

器用《きよう》にいくつものパックを持《も》ってスプーンに絞《しぼ》り出《だ》す様子《ようす》。奥《おく》に有名《ゆうめい》なお菓子《かし》も！

まずは宇宙食専用《うちゅうしょくせんよう》の調理器具《ちょうりきぐ》から紹介《しょうかい》します。メインで活躍《かつやく》するのは「フードウォーマー」と「給湯給水機《きゅうとうきゅうすいき》」です。フードウォーマーは、カバンのような形《かたち》をしていて、宇宙食《うちゅうしょく》をパックや缶《かん》ごと温《あたた》めることができます。ただし、手《て》で触《さわ》っても火傷《やけど》しない温度《おんど》にしか温《あたた》まらないため、電子《でんし》レンジのように短《みじか》い時間《じかん》で温《あたた》めることはできません。ご飯《はん》のパックで30分《ぷん》くらいかかります。

給湯給水機《きゅうとうきゅうすいき》は、宇宙食《うちゅうしょく》をパックごとセットしてつまみをひねると、決《き》まった量《りょう》の水《みず》やお湯《ゆ》を注《そそ》いでくれます。お湯《ゆ》の温度《おんど》は、火傷《やけど》しないように約《やく》80℃と低《ひく》めです。

宇宙食《うちゅうしょく》は食器《しょっき》を使《つか》わずパックから直接《ちょくせつ》食《た》べます。カレーもお皿《さら》に盛《も》ってではなく、ご飯《はん》をカレーのパックに入《い》れるか、口《くち》の中《なか》で混《ま》ぜながら食《た》べます。パックのまま食《た》べるのは味気《あじけ》なく、宇宙食用《うちゅうしょくよう》の食器《しょっき》があればと思《おも》います。

宇宙《うちゅう》では料理《りょうり》はしないの？

宇宙船《うちゅうせん》には、包丁《ほうちょう》やまな板《いた》、コンロなどもありませんが、包丁《ほうちょう》や火《ひ》を使《つか》わない料理《りょうり》ならば可能《かのう》です。私《わたし》は野口《のぐち》さんと、国際宇宙《こくさいうちゅう》ステーションで手巻《てま》き寿司《ずし》を振《ふ》る舞《ま》ったことがあります。そのときの具材《ぐざい》は、ロシアの魚《さかな》の缶詰《かんづめ》や南極昭和基地《なんきょくしょうわきち》の保存食《ほぞんしょく》である卵焼《たまごや》きなどでした。普段《ふだん》は、宇宙食《うちゅうしょく》を食《た》べる前《まえ》に温《あたた》めたり、水《みず》で戻《もど》したりする程度《ていど》ですが、バリエーションが増《ふ》えると食事《しょくじ》も楽《たの》しくなりますね。

最近《さいきん》ではイタリアの宇宙飛行士《うちゅうひこうし》がピザを作《つく》ったり、アメリカの宇宙飛行士《うちゅうひこうし》がチーズバーガーを作《つく》ったりしています。このときの宇宙《うちゅう》ピザは、生地《きじ》にケチャップを乗《の》せ、具《ぐ》をトッピングし、アルミホイルで包《つつ》んでからフードウォーマーで温《あたた》めたもの。包丁《ほうちょう》がないため、ハサミで切《き》って食《た》べたそうです。チーズバーガーは、くずの出《で》やすいパンの代《か》わりにトルティーヤを使用《しよう》したそうです。

宇宙食《うちゅうしょく》に炭酸飲料《たんさんいんりょう》はありますか

炭酸飲料《たんさんいんりょう》は、しゅわしゅわの泡《あわ》がおいしいのですが、宇宙《うちゅう》ではこの泡《あわ》が問題《もんだい》になります。地球上《ちきゅうじょう》では、泡《あわ》は細《こま》かいまま水面《すいめん》に上《あ》がって消《き》えてしまいますが、無重力《むじゅうりょく》空間《くうかん》では泡《あわ》が水面《すいめん》まで上《あ》がってこないのです。しかも液体《えきたい》の中《なか》で泡同士《あわどうし》が合体《がったい》して大《おお》きく成長《せいちょう》し、泡《あわ》に押《お》された液体《えきたい》のほうが噴《ふ》き出《だ》してくるのです。

過去《かこ》には、安全《あんぜん》ロック付《つ》きの、レバーを押《お》したときだけ飲《の》み物《もの》が出《で》るようにした特別《とくべつ》な容器《ようき》に入《い》れたコーラを、スペースシャトルで持《も》っていったという記録《きろく》があります。しかしスペースシャトルや国際宇宙《こくさいうちゅう》ステーションには、実験用《じっけんよう》の冷蔵庫《れいぞうこ》はありますが、食《た》べ物《もの》を保管《ほかん》するための冷蔵庫《れいぞうこ》はありません。大変《たいへん》な思《おも》いをして持《も》っていったのに、ぬるくておいしくなかったからか、最近《さいきん》は誰《だれ》も持《も》って行《い》かないようです。

宇宙《うちゅう》でお酒《さけ》は飲《の》めますか

©NASA

お酒《さけ》は禁止《きんし》です。アルコールは燃《も》えやすいため、宇宙船《うちゅうせん》に持《も》ち込《こ》むには危険《きけん》であり、飲酒運転《いんしゅうんてん》になるからです。そのため国際宇宙《こくさいうちゅう》ステーションの中《なか》ではお茶《ちゃ》やジュースで乾杯《かんぱい》をします。ただ、「缶《かん》ビール、ISS《アイエスエス》（国際宇宙《こくさいうちゅう》ステーション）に早《はや》く届《とど》かないかな」と、宇宙飛行士《うちゅうひこうし》が言《い》うことがあります。何《なん》のことだかわかりますか？

ヒントは、大《おお》きさが大型《おおがた》バス1台分《だいぶん》、重《おも》さが10トンもある缶《かん》ビールです。

答《こた》えは、日本《にほん》がH《エイチ》-ⅡB《ツービー》ロケットで打《う》ち上《あ》げる無人《むじん》の宇宙船《うちゅうせん》『こうのとり』のことで、食品《しょくひん》や服《ふく》などの生活《せいかつ》必需品《ひつじゅひん》や実験装置《じっけんそうち》を運《はこ》んでくれる宇宙《うちゅう》ステーションの補給機《ほきゅうき》です。最大《さいだい》で6トンの荷物《にもつ》を運《はこ》ぶ『こうのとり』が缶《かん》ビールのような円柱型《えんちゅうがた》で金色《きんいろ》のため、宇宙飛行士《うちゅうひこうし》がジョーク混《ま》じりに「缶《かん》ビール」と呼《よ》ぶことがあるのです。

宇宙《うちゅう》でコーヒーは飲《の》めますか

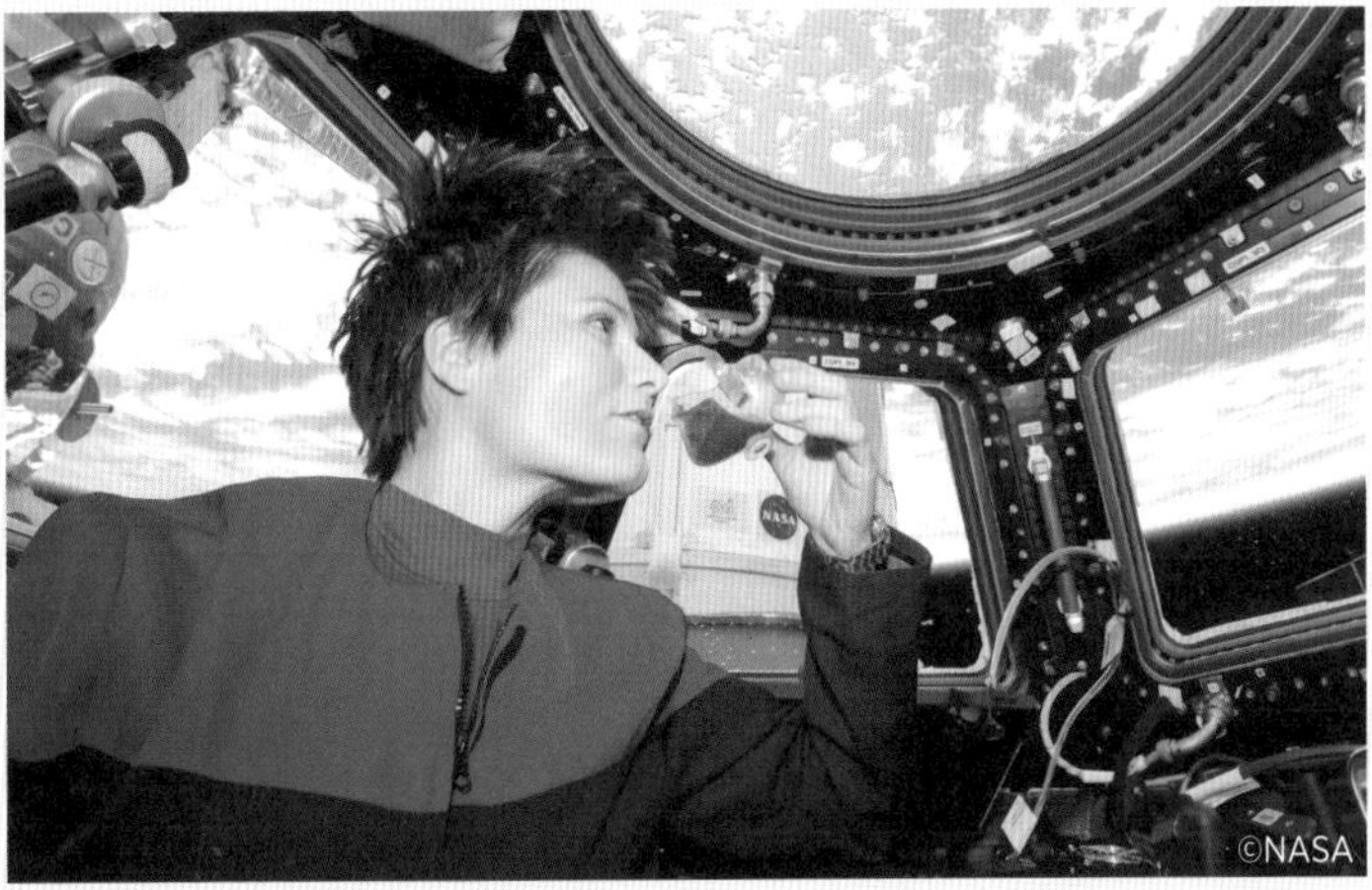

宇宙用《うちゅうよう》のカップでコーヒーを飲《の》む様子《ようす》

コーヒーは粉末《ふんまつ》タイプでパックに入《はい》っていて、お湯《ゆ》や水《みず》で溶《と》かしてストローで飲《の》みます。

国際宇宙《こくさいうちゅう》ステーションの給水装置《きゅうすいそうち》は、常温水《じょうおんすい》だけでなく、80℃くらいのお湯《ゆ》も使《つか》えます。私《わたし》は甘党《あまとう》のため、砂糖《さとう》とクリーム入《い》りのものを持《も》っていきました。作業《さぎょう》で疲《つか》れたときは、わざとお湯《ゆ》を少《すく》なめに入《い》れ、濃《こ》くしたコーヒーを楽《たの》しんでいました。

最近《さいきん》では、油井亀美也《ゆいきみや》宇宙飛行士《うちゅうひこうし》が宇宙用《うちゅうよう》のカップでコーヒーを飲《の》んだそうです。上《うえ》から見《み》るとしずく型《がた》をしており、飲《の》むときはとがった方《かた》を口《くち》につけます。この不思議《ふしぎ》な形《かたち》のおかげで、ふたが無《な》くても無重力《むじゅうりょく》でも表面《ひょうめん》張力《ちょうりょく》のおかげで中《なか》のコーヒーがこぼれないのだそうです。本当《ほんとう》に不思議《ふしぎ》ですよね。ふたがないので、コーヒーの香《かお》りも楽《たの》しむことができるそうです。

宇宙《うちゅう》に好《す》きな食《た》べ物《もの》を持《も》っていけますか

宇宙飛行士《うちゅうひこうし》は、好《す》きな食《た》べ物《もの》を宇宙船《うちゅうせん》に持《も》っていくことができます。ただし検査《けんさ》があるため、何《なん》でもかんでもは持《も》っていけません。たとえば、お酒《さけ》は禁止《きんし》ですし、生《い》きた菌《きん》を多《おお》く含《ふく》む一般的《いっぱんてき》なキムチや納豆《なっとう》を持《も》っていくことはできません。また、アルコールは引火《いんか》しやすくエアコンのフィルターにも負荷《ふか》をかけるため、お酒《さけ》に限《かぎ》らずアルコールを含《ふく》む香水《こうすい》やマニキュア、消毒《しょうどく》ウェットティッシュの持《も》ち込《こ》みもできません。動物《どうぶつ》や植物《しょくぶつ》も、あらかじめ決《き》められた実験用以外《じっけんよういがい》は持《も》っていくことができません。

食《た》べ物以外《ものいがい》にも、宇宙飛行士《うちゅうひこうし》は休憩時間用《きゅうけいじかんよう》に好《す》きな本《ほん》やDVD《ディーブイディー》を持《も》っていくことができます。もちろん、家族《かぞく》や友人《ゆうじん》とメールすることもできます。ただ狭《せま》い空間《くうかん》での生活《せいかつ》が続《つづ》くため、心《こころ》の負担《ふたん》が大《おお》きく、たまにうつ状態《じょうたい》になったりする場合《ばあい》もあります。

国際宇宙《こくさいうちゅう》ステーションで食《た》べ物《もの》を育《そだ》てることはできますか

国際宇宙《こくさいうちゅう》ステーションでは、レタス、大豆《だいず》、東京《とうきょう》べか菜《な》（白菜《はくさい》の一種《いっしゅ》）などの野菜《やさい》を育《そだ》てています。宇宙《うちゅう》で育《そだ》ったレタス第一号《だいいちごう》を食《た》べたのは、レタス農家《のうか》出身《しゅっしん》の宇宙飛行士《うちゅうひこうし》、油井亀美也《ゆいきみや》さんです。残念《ざんねん》ながら私《わたし》は宇宙野菜《うちゅうやさい》を食《た》べたことがありません。

地球《ちきゅう》では太陽《たいよう》の光《ひかり》で野菜《やさい》を育《そだ》てていますが、国際宇宙《こくさいうちゅう》ステーションでは特別《とくべつ》なＬＥＤ《エルイーディー》照明《しょうめい》を当《あ》てて育《そだ》てています。植物《しょくぶつ》が栄養《えいよう》を作《つく》る光合成《こうごうせい》に必要《ひつよう》となる赤《あか》と青《あお》の明《あ》かりを強《つよ》くした赤紫色《あかむらさきいろ》の照明《しょうめい》です。赤紫色《あかむらさきいろ》の光《ひかり》で照《て》らされて育《そだ》つ野菜《やさい》は怪《あや》しい雰囲気《ふんいき》がありますが、肥料《ひりょう》も調節《ちょうせつ》しているため地上《ちじょう》の三倍《さんばい》くらいの速《はや》さで育《そだ》ちます。

さすがに牛《うし》や豚《ぶた》は無理《むり》ですが、カイコなどの虫《むし》は栄養《えいよう》もあって育《そだ》てやすいため、研究者《けんきゅうしゃ》によると宇宙《うちゅう》での食《た》べ物《もの》に向《む》いているそうです。

3

宇《う》宙《ちゅう》飛《ひ》行《こう》士《し》を知《し》りたい

©NASA

山崎《やまざき》さんが宇宙《うちゅう》に興味《きょうみ》を持《も》った
きっかけは何《なん》ですか

望遠鏡《ぼうえんきょう》で見《み》て感動《かんどう》した月《つき》のクレーター

最初《さいしょ》のきっかけは、テレビアニメです。本当《ほんとう》は「アルプスの少女《しょうじょ》ハイジ」を見《み》たかったのですが、兄《あに》とのチャンネル争《あらそ》いに負《ま》けて「宇宙戦艦《うちゅうせんかん》ヤマト」や「銀河鉄道《ぎんがてつどう》９９９」を見《み》ることになったのです。そうしたらなんと、自分《じぶん》の方《ほう》がハマってしまいました。結果《けっか》、兄《あに》には感謝《かんしゃ》しています。

ただ私《わたし》が小《ちい》さかった頃《ころ》は、日本人《にほんじん》の宇宙飛行士《うちゅうひこうし》がいなかったこともあり、宇宙飛行士《うちゅうひこうし》という仕事《しごと》があることすら知《し》りませんでした。宇宙《うちゅう》はアニメの中《なか》だけの世界《せかい》だったわけです。ただ、小学二年生《しょうがくにねんせい》の時《とき》に望遠鏡《ぼうえんきょう》で月《つき》を見《み》て、クレーターがくっきり見《み》えて感動《かんどう》したことはいまでも覚《おぼ》えています。

宇宙《うちゅう》に関《かか》わろうと思《おも》ったきっかけは、スペースシャトルの打《う》ち上《あ》げを初《はじ》めてテレビで見《み》た中学三年生《ちゅうがくさんねんせい》のときでし

国際宇宙《こくさいうちゅう》ステーションから見《み》た地球《ちきゅう》。手前《てまえ》に宇宙船《うちゅうせん》『こうのとり』が見《み》える

た。残念《ざんねん》ながらそのときの打《う》ち上《あ》げは失敗《しっぱい》してしまったのですが、女性宇宙飛行士《じょせいうちゅうひこうし》がインタビューで「宇宙《うちゅう》から授業《じゅぎょう》をしたい」と語《かた》っている映像《えいぞう》を見《み》て、学校《がっこう》の先生《せんせい》でも宇宙《うちゅう》に行《い》くことができると知《し》りました。

そんな私《わたし》が初《はじ》めて宇宙《うちゅう》に行《い》って感《かん》じたことは「なつかしい」です。もしかしたら宇宙《うちゅう》は、お母《かあ》さんのお腹《なか》の中《なか》にいた記憶《きおく》と通《つう》じるものがあるのかもしれません。それに地球《ちきゅう》も、私《わたし》たちの体《からだ》も、もともとは星《ほし》のかけらでできているのですから。

宇宙《うちゅう》はとても不思議《ふしぎ》な場所《ばしょ》で、目《め》を閉《と》じているのにフラッシュみたいな光《ひかり》が見《み》えることがあります。これは、宇宙放射線《うちゅうほうしゃせん》が網膜《もうまく》を通過《つうか》することで起《お》きる現象《げんしょう》なのですが、最初《さいしょ》はとても驚《おどろ》きました。

宇宙飛行士《うちゅうひこうし》になるには どうしたらいいですか

お揃《そろ》いのシャツを着《き》てスペースシャトルで記者会見《きしゃかいけん》をしている様子《ようす》

NASA《ナサ》の宇宙飛行士《うちゅうひこうし》になるには、アメリカ国籍《こくせき》が必要《ひつよう》になります。そのため日本人《にほんじん》が宇宙飛行士《うちゅうひこうし》になりたければ、JAXA《ジャクサ》の宇宙飛行士《うちゅうひこうし》に採用《さいよう》される必要《ひつよう》があります。そうすれば、外国《がいこく》の宇宙飛行士《うちゅうひこうし》と一緒《いっしょ》に、国際宇宙《こくさいうちゅう》ステーションなどの訓練《くんれん》を受《う》けることができます。JAXA《ジャクサ》とは「宇宙航空研究開発機構《うちゅうこうくうけんきゅうかいはつきこう》」のことで、宇宙航空分野《うちゅうこうくうぶんや》の基礎《きそ》研究《けんきゅう》から開発《かいはつ》・利用《りよう》までのすべてを行《おこな》っている日本《にほん》の機関《きかん》です。JAXA《ジャクサ》では2020年《ねん》10月《がつ》に13年《ねん》ぶりとなる宇宙飛行士《うちゅうひこうし》の募集《ぼしゅう》を発表《はっぴょう》しました。採用《さいよう》されると月面《げつめん》に降《お》り立《た》つ初《はつ》の日本人《にほんじん》になるかもしれません。応募《おうぼ》するには、理工学部《りこうがくぶ》や医学部《いがくぶ》のような自然科学系《しぜんかがくけい》の大学《だいがく》を卒業《そつぎょう》し、英語《えいご》を話《はな》せる必要《ひつよう》があります。訓練《くんれん》では、ロシア語《ご》も必修《ひっしゅう》です。これは、国際宇宙《こくさいうちゅう》ステーションに何《なに》かあった時《とき》の緊急脱出用《きんきゅうだっしゅつよう》の宇宙船《うちゅうせん》がロシアのソユーズだからです。

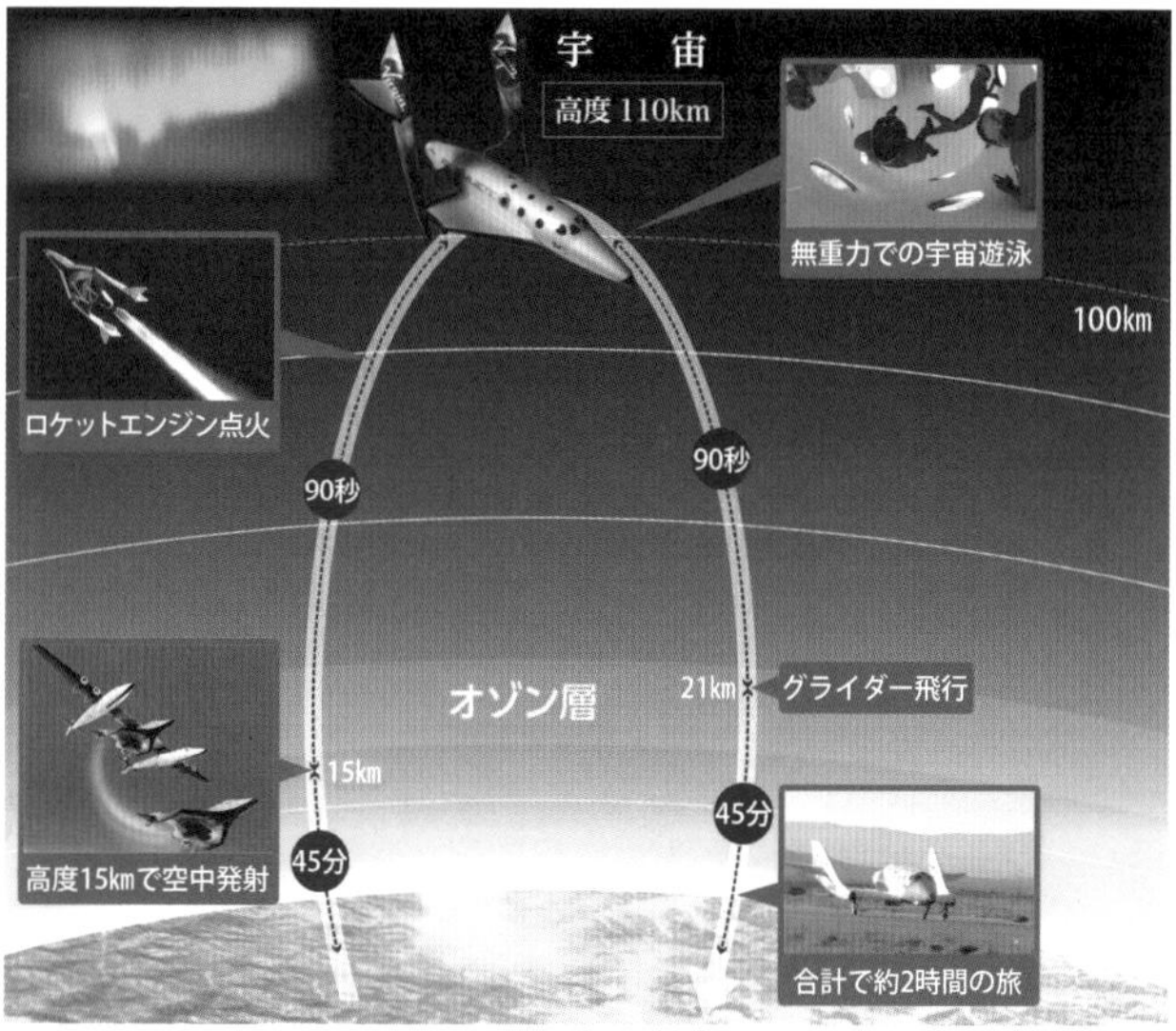

クラブツーリズム・スペースツアーズ社《しゃ》が販売《はんばい》するサブオービタル宇宙旅行《うちゅうりょこう》

ただ最近《さいきん》は、民間《みんかん》の宇宙《うちゅう》ビジネスも盛《さか》んで、アメリカの宇宙企業《うちゅうきぎょう》であるスペースＸ《エックス》社《しゃ》は、２０２３年《ねん》に月周辺《つきしゅうへん》の宇宙旅行《うちゅうりょこう》を計画《けいかく》しています。また、より気軽《きがる》に楽《たの》しめる宇宙旅行《うちゅうりょこう》として、宇宙空間《うちゅうくうかん》の入《い》り口《ぐち》（高度《こうど》１００㎞）に到達《とうたつ》したら、５分《ふん》ほどで地球《ちきゅう》に戻《もど》ってくるサブオービタルと呼《よ》ばれる宇宙旅行《うちゅうりょこう》も誕生《たんじょう》しています。日本《にほん》でも、クラブツーリズム・スペースツアーズ社《しゃ》という旅行会社《りょこうかいしゃ》が、アメリカのヴァージン・ギャラクティック社《しゃ》による宇宙《うちゅう》旅行《りょこう》を販売《はんばい》しています。日本《にほん》の宇宙企業《うちゅうきぎょう》であるＰＤ《ピーディー》エアロスペース社《しゃ》やスペースウォーカー社《しゃ》も、２０２４年《ねん》から２０２７年《ねん》にかけて有人機《ゆうじんき》の開発《かいはつ》を目指《めざ》しており、宇宙飛行士《うちゅうひこうし》になる道《みち》も広《ひろ》がると思《おも》います。さらにこれからは、宇宙飛行士《うちゅうひこうし》だけが宇宙《うちゅう》に行《い》く時代《じだい》ではなくなります。誰《だれ》もが旅行《りょこう》や仕事《しごと》として宇宙《うちゅう》を楽《たの》しむ時代《じだい》です。

どのようにして宇宙飛行士《うちゅうひこうし》に なったのですか

ジョンソン宇宙《うちゅう》センターにある訓練用宇宙船《くんれんようううちゅうせん》でのトレーニングの様子《ようす》

学生《がくせい》のときは、宇宙飛行士《うちゅうひこうし》になりたいというよりは、宇宙《うちゅう》開発《かいはつ》に関《かか》わる仕事《しごと》をしたいと思《おも》っていました。そのため大学《だいがく》や大学院《だいがくいん》で、航空宇宙工学《こうくううちゅうこうがく》（ロケットや飛行機《ひこうき》に関係《かんけい》する学問《がくもん》）を勉強《べんきょう》しました。そして夢《ゆめ》が叶《かな》い、ＪＡＸＡ《ジャクサ》にエンジニアとして就職《しゅうしょく》することができたのです。

私《わたし》は宇宙開発《うちゅうかいはつ》に関《かか》わるために、まずはＪＡＸＡ《ジャクサ》に就職《しゅうしょく》したのですが、純粋《じゅんすい》に宇宙飛行士《うちゅうひこうし》になりたいのであれば、ＪＡＸＡ《ジャクサ》に就職《しゅうしょく》する必要《ひつよう》はありません。

実際《じっさい》、ＪＡＸＡ《ジャクサ》以外《いがい》から宇宙飛行士《うちゅうひこうし》のテストを受《う》けて、合格《ごうかく》する数《かず》の方《ほう》が多《おお》いです。医者《いしゃ》、研究者《けんきゅうしゃ》、パイロット、アメリカでは学校《がっこう》の先生《せんせい》や車《くるま》の整備士《せいびし》から宇宙飛行士《うちゅうひこうし》になった人《ひと》もいます。テストは、英語《えいご》、一般教養《いっぱんきょうよう》、自然科学《しぜんかがく》などの筆記《ひっき》テストの他《ほか》に、医学検査《いがくけんさ》、面接試験《めんせつしけん》、精神《せいしん》・心《しん》理《り》の検査《けんさ》などがあります。

運動神経《うんどうしんけい》がよくないと宇宙飛行士《うちゅうひこうし》にはなれませんか

足《あし》が速《はや》い、球技《きゅうぎ》が得意《とくい》というような運動神経《うんどうしんけい》は、宇宙《うちゅう》飛行士《ひこうし》にはあまり求《もと》められませんが、持久力《じきゅうりょく》は必要《ひつよう》だと思《おも》います。これは、「足《あし》は速《はや》くなくてもいいが、マラソンで完走《かんそう》できるような能力《のうりょく》が必要《ひつよう》」ということです。理由《りゆう》は、宇宙服《うちゅうふく》がとても重《おも》くて硬《かた》いからです。

スペースシャトルに乗《の》り込《こ》むときの宇宙服《うちゅうふく》は41kg、船外《せんがい》活動《かつどう》のときの宇宙服《うちゅうふく》は１２０kgもあります。しかも硬《かた》く、それを着《き》て何時間《なんじかん》も過《す》ごさなければならないのです。持久力《じきゅうりょく》がないと途中《とちゅう》で動《うご》けなくなってしまいます。

また、地球《ちきゅう》に戻《もど》るときにトラブルが発生《はっせい》して海《うみ》に不時着《ふじちゃく》してしまった場合《ばあい》などを想定《そうてい》して、洋服《ようふく》を着《き》たまま10分間《ぷんかん》は立《た》ち泳《およ》ぎができなければなりません。宇宙飛行士《うちゅうひこうし》になるには、洋服《ようふく》を着《き》たまま75mを泳《およ》ぐテストもあるため、水泳《すいえい》では立《た》ち泳《およ》ぎの練習《れんしゅう》もしておくといいでしょう。

理科《りか》や算数《さんすう》が得意《とくい》でないと、宇宙《うちゅう》の仕事《しごと》はできないの？

スペースシャトル『ディスカバリー』の打《う》ち上《あ》げをジョンソン宇宙《うちゅう》センター内《ない》のミッションコントロールセンターからサポートしている様子《ようす》

そんなことはなく、理系《りけい》、文系両方《ぶんけいりょうほう》の人《ひと》が宇宙《うちゅう》の仕事《しごと》をしています。宇宙飛行士《うちゅうひこうし》の場合《ばあい》は、現状《げんじょう》は理系《りけい》という条件《じょうけん》はありますが、英語《えいご》やロシア語《ご》も必要《ひつよう》ですし、国際宇宙《こくさいうちゅう》ステーションから日本《にほん》のことを紹介《しょうかい》したり、子《こ》どもたちに宇宙《うちゅう》のことを伝《つた》えたりとコミュニケーションをとるには、国語《こくご》や歴史《れきし》の知識《ちしき》も必要《ひつよう》になります。最近《さいきん》、ロケットを作《つく》る人《ひと》に話《はなし》を聞《き》いたのですが、「子《こ》どものころは理科《りか》より工作《こうさく》が好《す》きだったよ」とか「大学《だいがく》までは文系《ぶんけい》だった」という人《ひと》もいました。また宇宙《うちゅう》の仕事《しごと》は幅広《はばひろ》く、宇宙飛行士《うちゅうひこうし》の衣服《いふく》を作《つく》る人《ひと》、宇宙食《うちゅうしょく》を作《つく》る人《ひと》、宇宙《うちゅう》と交信《こうしん》をする人《ひと》、宇宙飛行士《うちゅうひこうし》の健康《けんこう》をサポートするお医者《いしゃ》さん、国際間《こくさいかん》の調整《ちょうせい》をする人《ひと》、宇宙法《うちゅうほう》を作《つく》る人《ひと》など、数《かぞ》えきれないほどあります。これからは宇宙旅行《うちゅうりょこう》のガイドさんが登場《とうじょう》するかもしれません。大切《たいせつ》なのは、自分《じぶん》が好《す》きで得意《とくい》な分野《ぶんや》を伸《の》ばすことです。

宇宙飛行士《うちゅうひこうし》の試験《しけん》で変《か》わった問題《もんだい》はありましたか

この問題《もんだい》のように宇宙飛行士《うちゅうひこうし》の試験《しけん》は、正解《せいかい》が一《ひと》つではない試験《しけん》ばかり、といえるかもしれません

最初《さいしょ》の筆記試験《ひっきしけん》は学校《がっこう》の試験《しけん》と似《に》ていましたが、最終《さいしゅう》試験《しけん》は〝変《か》わった問題《もんだい》〟が多《おお》かったです。特《とく》に不思議《ふしぎ》だったのが、「東北地方一週間《とうほくちほういっしゅうかん》の旅《たび》」でした。時刻表《じこくひょう》とガイドブックを渡《わた》され、一人《ひとり》7万円《まんえん》の予算《よさん》で一週間《いっしゅうかん》の東北旅行《とうほくりょこう》を計画《けいかく》するという問題《もんだい》です。「宇宙《うちゅう》に行《い》くのに東北《とうほく》？」って不思議《ふしぎ》ですよね。しかし、限《かぎ》られた時間《じかん》や予算《よさん》の中《なか》で、自分《じぶん》が一番満足《いちばんまんぞく》する計画《けいかく》を立《た》てることは、宇宙《うちゅう》ミッションを計画《けいかく》することにも共通《きょうつう》するのです。「桃太郎《ももたろう》と浦島太郎《うらしまたろう》のどちらが好《す》き？」という質問《しつもん》が出《で》た年《とし》もあるそうです。「仲間《なかま》と協力《きょうりょく》して鬼《おに》を倒《たお》す」という目標《もくひょう》に突《つ》き進《すす》む桃太郎《ももたろう》と、「開《あ》けちゃいけない」玉手箱《たまてばこ》を開《あ》けてしまう浦島太郎《うらしまたろう》。宇宙飛行士《うちゅうひこうし》には「桃太郎好《ももたろうず》き」の方《ほう》が向《む》いているように思《おも》われがちですが、私《わたし》は、何《なに》が起《お》きるかわからない状況《じょうきょう》も楽《たの》しめる「浦島太郎好《うらしまたろうず》き」も必要《ひつよう》ではと思《おも》っています。

宇宙飛行士《うちゅうひこうし》の訓練《くんれん》で楽《たの》しいものはありましたか

ジェット機《き》の操縦訓練《そうじゅうくんれん》が楽《たの》しかったです。離陸《りりく》と着陸《ちゃくりく》のときは操縦《そうじゅう》しませんが、60mくらい上空《じょうくう》にいけば、宇宙飛行士《うちゅうひこうし》であれば全員《ぜんいん》が操縦《そうじゅう》することができます。

毎回《まいかい》ではありませんが、年《ねん》に何回《なんかい》かは、重力《じゅうりょく》の変化《へんか》に体《からだ》を慣《な》らすために、アクロバット飛行《ひこう》をして、横回転《よこかいてん》したり、ループを描《か》いたりしました。とても気持《きも》ちがよくて、一番好《いちばんす》きな訓練《くんれん》でした。

大《おお》きなループを描《か》いて飛行《ひこう》するときは、普通《ふつう》の5倍《ばい》くらいの重力《じゅうりょく》がかかるため、気絶《きぜつ》しないように腹筋《ふっきん》に力《ちから》を入《い》れます。

ちなみに高所恐怖症《こうしょきょうふしょう》の人《ひと》でも宇宙飛行士《うちゅうひこうし》になれますよ。なぜなら、スペースシャトルのメンバーが日本《にほん》に来《き》たとき、東京《とうきょう》タワーのガラスの床《ゆか》を見《み》て「絶対《ぜったい》に乗《の》らない！」と怖《こわ》がっていたのは、他《ほか》ならぬ船長《せんちょう》だったからです。

宇宙飛行士《うちゅうひこうし》の訓練《くんれん》で危険《きけん》なものはありましたか

危険《きけん》だなと感《かん》じた訓練《くんれん》もありましたし、予期《よき》せぬことが起《お》こり、危険《きけん》な状況《じょうきょう》になってしまったこともありました。私《わたし》が経験《けいけん》したのは、宇宙服《うちゅうふく》を着《き》たまま、特別《とくべつ》な浮《う》き輪《わ》をつけて海《うみ》に飛《と》び込《こ》む訓練《くんれん》のときでした。地球《ちきゅう》に帰還《きかん》する途中《とちゅう》に火災《かさい》が発生《はっせい》し、防水服《ぼうすいふく》に着替《きが》える間《ま》もなく宇宙船《うちゅうせん》のカプセルから飛《と》び出《だ》すことになった場合《ばあい》を想定《そうてい》しての訓練《くんれん》なのですが、ある仲間《なかま》の浮《う》き輪《わ》が正《ただ》しく膨《ふく》らまなかったのです。そのため彼《かれ》は、飛《と》び込《こ》んだ瞬間《しゅんかん》、宇宙服《うちゅうふく》のまま海《うみ》の中《なか》に沈《しず》んでいきました。

もちろんこのような場合《ばあい》に備《そな》えて、海中《かいちゅう》には何人《なんにん》かのダイバーが待機《たいき》しており、彼《かれ》はすぐに助《たす》けられました。他《ほか》の訓練《くんれん》でもアクシデントに二重三重《にじゅうさんじゅう》に備《そな》えて、常《つね》にスタッフや同僚《どうりょう》の間《あいだ》で見守《みまも》りあっていたため、訓練中《くんれんちゅう》に大怪我《おおけが》をすることはありませんでした。

宇宙飛行士《うちゅうひこうし》の訓練《くんれん》で一番大変《いちばんたいへん》だったのは何《なん》ですか

ロシアの海上《かいじょう》サバイバル訓練《くんれん》にて、ソユーズ宇宙船《うちゅうせん》から海《うみ》へ脱出《だっしゅつ》する様子《ようす》

一番辛《いちばんつら》かったのは、サバイバル訓練《くんれん》です。

スペースシャトルはグライダーのように滑走路《かっそうろ》に戻《もど》ってきますが、ロシアのソユーズ宇宙船《うちゅうせん》は、カプセルに宇宙《うちゅう》飛行士《ひこうし》を乗《の》せて地球《ちきゅう》に戻《もど》ってきます。ちなみに、アメリカの新《あたら》しい民間宇宙船《みんかんうちゅうせん》『クルードラゴン』もカプセルで戻《もど》ってきます。カプセルはパラシュートを使《つか》って降《お》りてくるのですが、正《ただ》しい着陸地点《ちゃくりくちてん》からずれて、雪《ゆき》の上《うえ》に落《お》ちたり、海《うみ》の上《うえ》に落《お》ちたりする可能性《かのうせい》もあります。そのため私《わたし》は、救助隊《きゅうじょたい》が来《く》るまで真冬《まふゆ》のロシアの森《もり》の中《なか》で三日間《みっかかん》、宇宙船《うちゅうせん》の中《なか》のものだけで野宿《のじゅく》をして生《い》き延《の》びるという訓練《くんれん》を行《おこな》いました。真冬《まふゆ》のロシアの気温《きおん》はマイナス20℃より低《ひく》くなります。しかも強《つよ》い風《かぜ》がビュービュー吹《ふ》いています。その中《なか》で三日間《みっかかん》を過《す》ごすのですが、昼間《ひるま》は木《き》を切《き》って焚火《たきび》の材料《ざいりょう》を作《つく》ったり、テントを作《つく》ったりと体《からだ》を

©NASA

ロシアでのサバイバル訓練《くんれん》の様子《ようす》。ソユーズ宇宙船《うちゅうせん》にある防寒着《ぼうかんぎ》に着《き》替《が》えて活動《かつどう》する

動《うご》かすことが多《おお》いため汗《あせ》をかくくらいでした。夜《よる》は交代《こうたい》で火《ひ》の見張《みは》りをしながら、じっと夜明《よあ》けを待《ま》って過《す》ごします。この訓練《くんれん》は、今思《いまおも》い出《だ》しても本当《ほんとう》に大変《たいへん》でした。

このように宇宙飛行士《うちゅうひこうし》は、地球《ちきゅう》にいる間《あいだ》、考《かんが》えられるいろいろな訓練《くんれん》を行《おこな》います。たとえば、無重力《むじゅうりょく》で体《からだ》が浮《う》いてしまうような状態《じょうたい》でも、トイレの便座《べんざ》の正《ただ》しい位置《いち》に座《すわ》れるように、カメラ付《つ》きの訓練装置《くんれんそうち》でトイレを使《つか》う感覚《かんかく》を練習《れんしゅう》したりもします。本当《ほんとう》にありとあらゆる訓練《くんれん》を行《おこな》うのですが、無重力《むじゅうりょく》の状態《じょうたい》で寝《ね》ることだけはぶっつけ本番《ほんばん》となります。

私《わたし》が宇宙《うちゅう》に行《い》った最初《さいしょ》の日《ひ》、無重力《むじゅうりょく》で寝《ね》るってどんな感《かん》じだろうとわくわくしていたのですが、残念《ざんねん》なことにその瞬間《しゅんかん》はあまりよく覚《おぼ》えていません。一日《いちにち》の作業《さぎょう》に疲《つか》れ果《は》て、どうやらすぐに眠《ねむ》ってしまったようです。

宇宙飛行士《うちゅうひこうし》の訓練《くんれん》で海底《かいてい》に住《す》むって本当《ほんとう》ですか

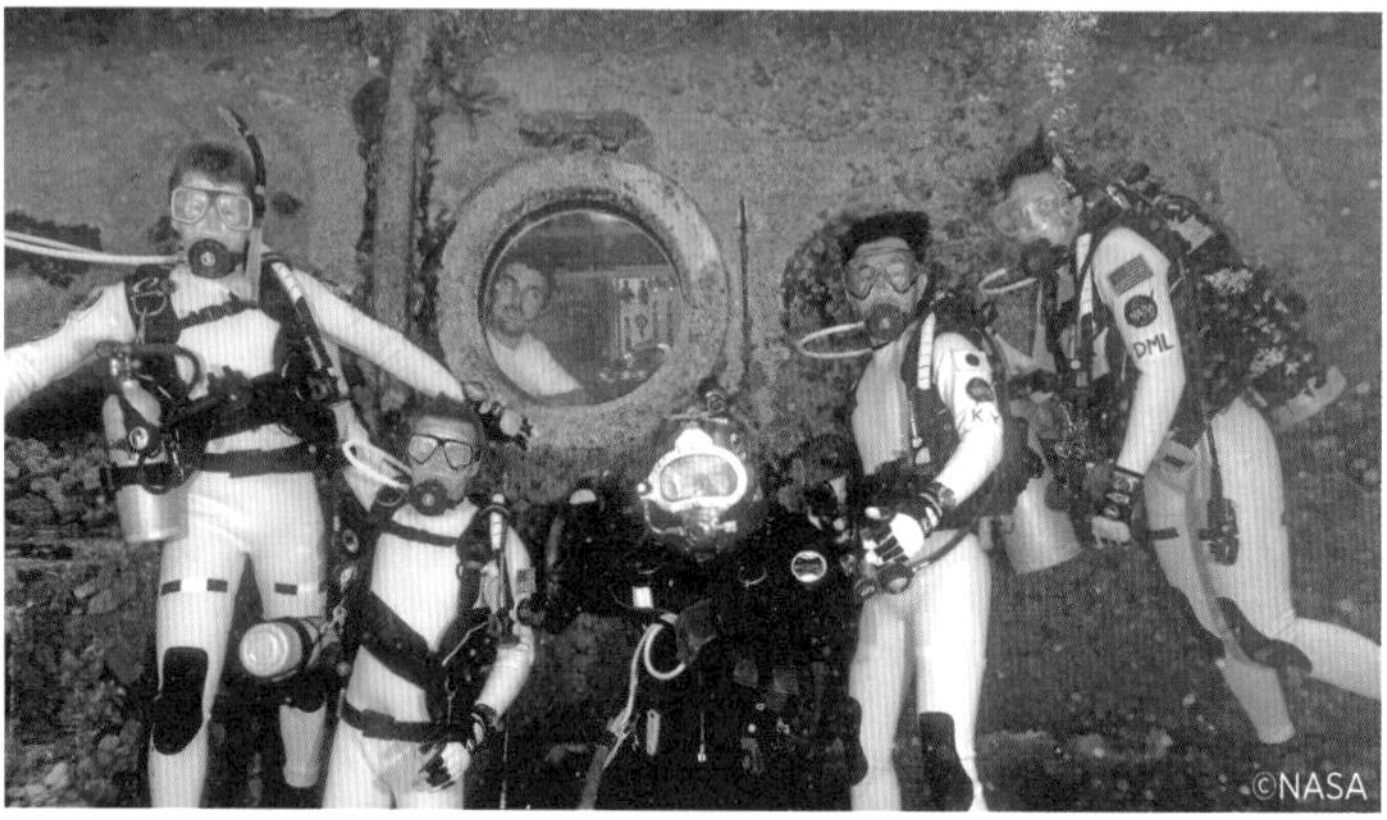

フロリダの海底《かいてい》には、『アクエリアス』という世界《せかい》でひとつしかない海《うみ》の中《なか》の研究所《けんきゅうじょ》があります。この研究所《けんきゅうじょ》に行《い》くには、船《ふね》からロープをつたって海中《かいちゅう》へと潜《もぐ》っていくのですが、宇宙《うちゅう》に長期滞在《ちょうきたいざい》する宇宙飛行士《うちゅうひこうし》の中《なか》には、最大《さいだい》で二週間《にしゅうかん》もここに滞在《たいざい》して訓練《くんれん》を受《う》ける人《ひと》もいます。

アクエリアスは窓《まど》の外《そと》に魚《さかな》が泳《およ》ぐ竜宮城《りゅうぐうじょう》のような研究所《けんきゅうじょ》ですが、実《じつ》はとても厳《きび》しい環境《かんきょう》にあるとも言《い》えます。空気《くうき》や電気《でんき》はありますが、限《かぎ》られた空間《くうかん》で、限《かぎ》られたものだけで生活《せいかつ》しなければならないからです。ここで訓練《くんれん》をする目的《もくてき》は、月《つき》や国際宇宙《こくさいうちゅう》ステーションなどで遭遇《そうぐう》すると思《おも》われる過酷《かこく》な環境《かんきょう》で孤立《こりつ》したときの人間《にんげん》の生活《せいかつ》や行動《こうどう》を観測《かんそく》することです。ＮＡＳＡ《ナサ》はこのような過酷《かこく》な環境《かんきょう》での研究《けんきゅう》を、南極《なんきょく》やアリゾナ州《しゅう》の砂漠地帯《さばくちたい》、カナダのデヴォン島《とう》、ハワイのマウナロア火山《かざん》などでも実施《じっし》しています。

地球外生命体《ちきゅうがいせいめいたい》と戦《たたか》うような仕事《しごと》はありますか

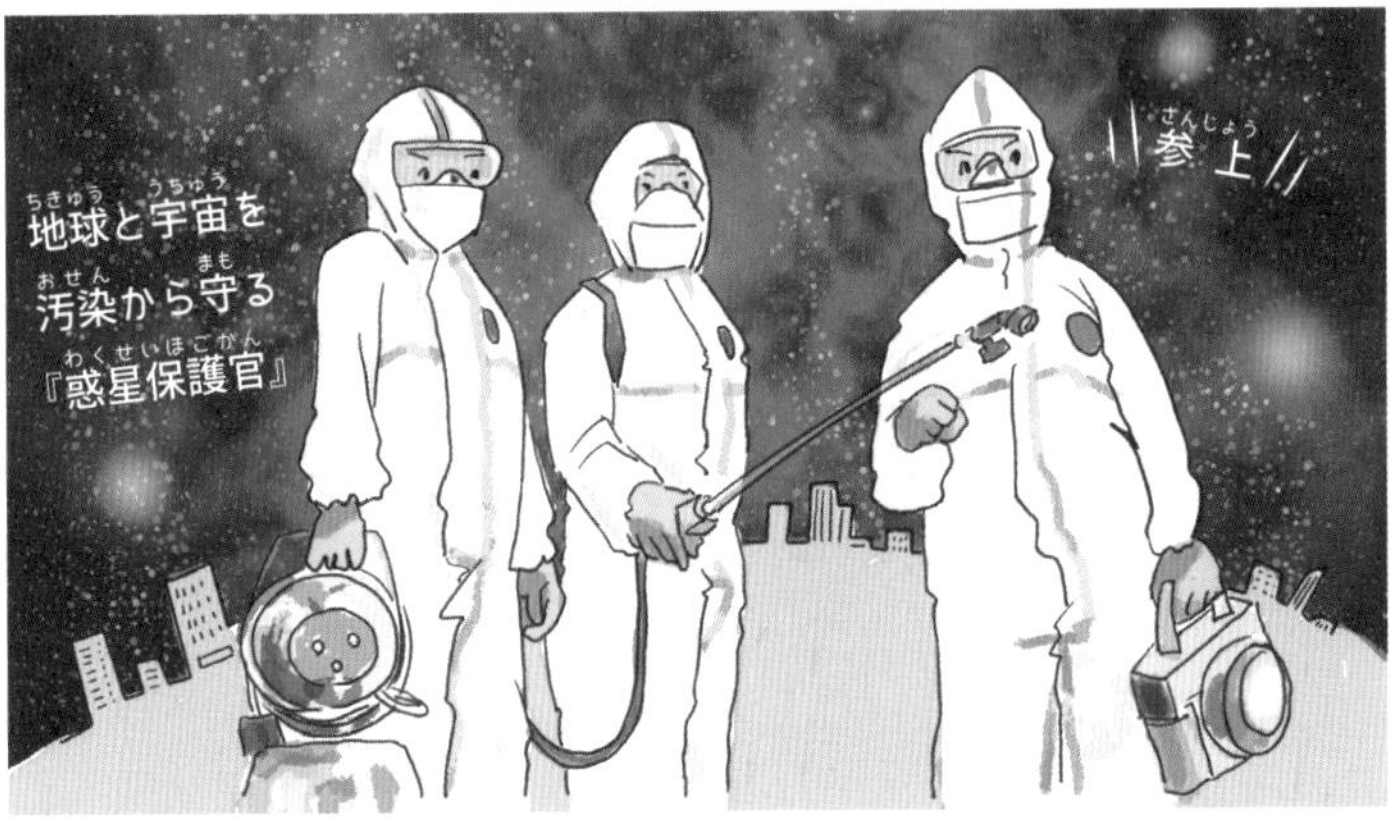

「映画《えいが》じゃないんだから、そんなのあるわけないよ」と、思《おも》うかもしれませんが、NASA《ナサ》では過去《かこ》に地球外《ちきゅうがい》生命体《せいめいたい》から地球《ちきゅう》を守《まも》る人《ひと》を募集《ぼしゅう》したことがあります。しかし映画《えいが》のように銃《じゅう》で宇宙人《うちゅうじん》と戦《たたか》うわけではありません。宇宙飛行士《うちゅうひこうし》などが、未知《みち》の菌《きん》を宇宙《うちゅう》から持《も》ち帰《かえ》ってこないように、地球《ちきゅう》に細菌《さいきん》などが入《はい》ってくるのを防《ふせ》ぐ仕事《しごと》をするのです。逆《ぎゃく》に、地球《ちきゅう》から行《い》く宇宙飛行士《うちゅうひこうし》や宇宙船《うちゅうせん》が他《ほか》の惑星《わくせい》を汚《よご》さないようにする役目《やくめ》もあります。これらはプラネタリープロテクションと呼《よ》ばれ、細《こま》かいルールが決《き》められています。

火星《かせい》のように「生物《せいぶつ》がいるかもしれない」と考《かんが》えられている惑星《わくせい》に行《い》くときは、特《とく》にルールが厳《きび》しくなります。たとえば、研究《けんきゅう》サンプルとして惑星《わくせい》の砂《すな》などを持《も》ち帰《かえ》るときは、密閉《みっぺい》できる容器《ようき》を使用《しよう》しなければなりません。

宇宙《うちゅう》でもお化粧《けしょう》やオシャレはできますか

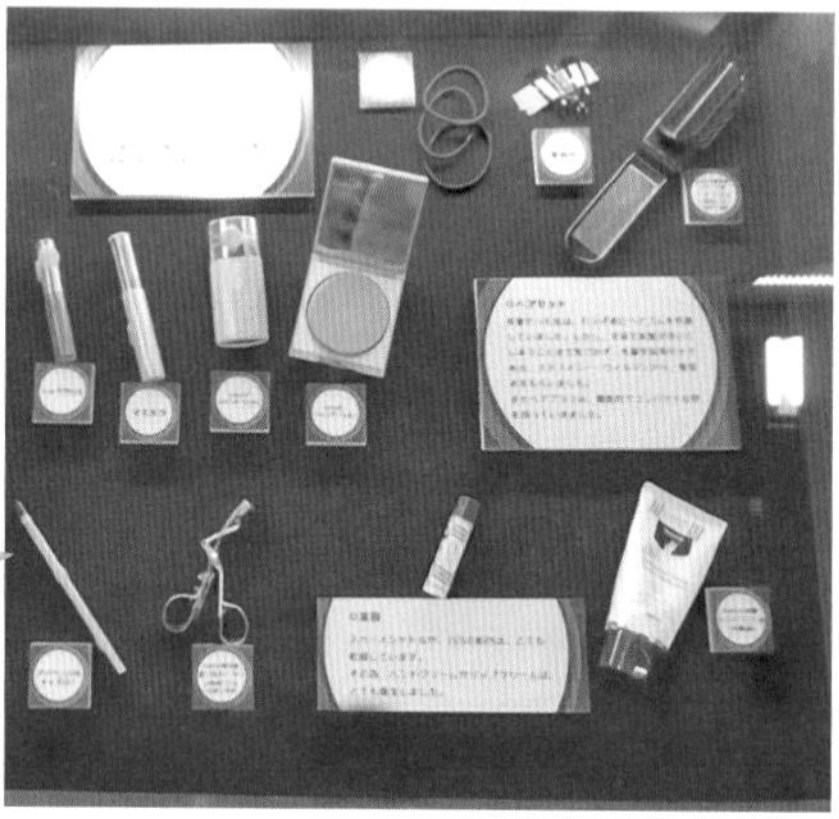

私《わたし》が実際《じっさい》に
宇宙《うちゅう》に持《も》っていった
マスカラやビューラー
などの化粧品類《けしょうひんるい》

アルコールなど引火《いんか》する成分《せいぶん》が入《はい》っていない化粧品《けしょうひん》を選《えら》べば、宇宙《うちゅう》に持《も》っていくことができます。ただ、化粧《けしょう》を落《お》とすときに使《つか》えるものも限《かぎ》られているため、私《わたし》は軽《かる》くしか化粧《けしょう》をしませんでした。国際宇宙《こくさいうちゅう》ステーションの中《なか》は24時間《じかん》エアコンがついていて乾燥《かんそう》するため、男性《だんせい》でも保湿《ほしつ》クリームを塗《ぬ》る宇宙飛行士《うちゅうひこうし》が多《おお》かったです。

スペースシャトルや国際宇宙《こくさいうちゅう》ステーションには、指輪《ゆびわ》やネックレスのような「宝飾品《ほうしょくひん》」もいくつかは持《も》ち込《こ》むことができます。ただし打《う》ち上《あ》げや帰還《きかん》するときなど、宇宙服《うちゅうふく》を着《き》ている間《あいだ》は、宝飾品《ほうしょくひん》は身《み》にはつけずに荷物《にもつ》の中《なか》にしまっておきます。これは宇宙服《うちゅうふく》を傷《きず》つけないためです。当時《とうじ》の私《わたし》はロングヘアで、無重力《むじゅうりょく》だと髪《かみ》が広《ひろ》がって邪魔《じゃま》になるということで、髪《かみ》を留《と》めるバレッタも「実用品《じつようひん》」として持《も》ち込《こ》みを許《ゆる》されていました。

宇宙《うちゅう》に行《い》く直前《ちょくぜん》は何《なに》をしていますか

スペースシャトルまでは、アストロバンと呼《よ》ばれる専用《せんよう》のバスで移動《いどう》する

宇宙船《うちゅうせん》の中《なか》に、風邪《かぜ》などのウィルスや菌《きん》を持《も》ち込《こ》まないように、打《う》ち上《あ》げ一週間《いっしゅうかん》くらい前《まえ》から宇宙飛行士《うちゅうひこうし》は専用《せんよう》の施設《しせつ》で生活《せいかつ》しなければなりません。そこで、実際《じっさい》に乗《の》る宇宙船《うちゅうせん》をチェックしたり、訓練《くんれん》の仕上《しあ》げを行《おこな》います。また打《う》ち上《あ》げの時間《じかん》に合《あ》わせて、時差《じさ》の調整《ちょうせい》も行《おこな》います。

この施設《しせつ》では、家族《かぞく》に会《あ》うことも制限《せいげん》されています。具体的《ぐたいてき》には、結婚相手《けっこんあいて》や両親《りょうしん》のような大人《おとな》には時々《ときどき》会《あ》えるのですが、子《こ》どもには会《あ》えなくなります。子《こ》どもは、自分《じぶん》が風邪《かぜ》をひいていたとしても、気《き》づかないことがあるからです。ただし、スペースシャトルの打《う》ち上《あ》げ前日《ぜんじつ》にはロープ越《ご》しですが、数《すう》メートルの距離《きょり》をとりつつ見送《みおく》りに来《き》てくれた家族《かぞく》や親戚《しんせき》に出発《しゅっぱつ》のあいさつをすることができます。距離《きょり》があるため、握手《あくしゅ》やハグはできませんが、「行《い》ってきます」と、直接言《ちょくせつい》うことができました。

宇宙《うちゅう》に行《い》くときに恐怖《きょうふ》はありましたか

コロンビア号《ごう》で起《お》きた事故《じこ》の追悼《ついとう》の様子《ようす》

ロケットの打《う》ち上《あ》げは、絶対《ぜったい》に事故《じこ》が起《お》きないとは言《い》い切《き》れません。しかし宇宙飛行士《うちゅうひこうし》は、それを覚悟《かくご》で訓練《くんれん》を行《おこな》い、本番《ほんばん》に臨《のぞ》みます。訓練《くんれん》の大半《たいはん》は、不具合《ふぐあい》や事故《じこ》が起《お》きたときの対応《たいおう》なのです。そのため打《う》ち上《あ》げのときは、「事故《じこ》で死《し》ぬのが怖《こわ》い」とか「宇宙《うちゅう》に行《い》くのが怖《こわ》い」といった気持《きも》ちはありませんでした。この日《ひ》のために11年間《ねんかん》も訓《くん》練《れん》してきたわけです。怖《こわ》いよりも、「早《はや》く宇宙《うちゅう》に行《い》きたい」というワクワク感《かん》の方《かた》が大《おお》きかったです。それに訓練《くんれん》により、「これが起《お》きたらこうしよう」という対応策《たいおうさく》を考《かんが》える習慣《しゅうかん》が身《み》についていました。長《なが》い訓練《くんれん》の中《なか》では、「健康《けんこう》を害《がい》して宇宙《うちゅう》に行《い》けなくなるかもしれない」「計画《けいかく》が大《おお》きく変《か》わって宇宙開発《うちゅうかいはつ》がストップしてしまうかもしれない」といった不安《ふあん》はありましたが、先《さき》のことを心配《しんぱい》するのではなく、今《いま》できることに集中《しゅうちゅう》するように心《こころ》がけていました。

宇宙《うちゅう》に行《い》く前《まえ》に遺書《いしょ》を書《か》くというのは本当《ほんとう》ですか

本当《ほんとう》です。私《わたし》はこれまでに遺書《いしょ》を2通《つう》書《か》いています。ひとつは打《う》ち上《あ》げの直前《ちょくぜん》。では、もうひとつはいつだかわかりますか？　それは、宇宙飛行士《うちゅうひこうし》の訓練時代《くんれんじだい》です。T《ティー》－38というジェット機《き》を自分《じぶん》で操縦《そうじゅう》する訓練《くんれん》の前《まえ》に、NASA《ナサ》の指示《しじ》で参加《さんか》する全員《ぜんいん》が遺書《いしょ》を書《か》きました。家族《かぞく》の連絡先《れんらくさき》、財産《ざいさん》や生命保険《せいめいほけん》、銀行口座《ぎんこうこうざ》、残《のこ》された家族《かぞく》のケアをお願《ねが》いする仲間《なかま》の名前《なまえ》まで書《か》いて、NASA《ナサ》に預《あず》けるのです。もちろん安全第一《あんぜんだいいち》で訓練《くんれん》に取《と》り組《く》むのですが、事故《じこ》をゼロにはできないというリスクがあるため、「自分《じぶん》がいなくなっても周《まわ》りが困《こま》らないようにしっかりと引《ひ》き継《つ》ぐ」という責任《せきにん》を果《は》たすことが重要《じゅうよう》です。これはリスクを理解《りかい》して支《ささ》えてくれる家族《かぞく》への責任《せきにん》もありますし、自分《じぶん》がいなくなったとしても、人類《じんるい》における長期《ちょうき》プロジェクトを次《つぎ》に引《ひ》き継《つ》ぐという使命《しめい》があるからです。

宇宙飛行士《うちゅうひこうし》だけがもらえるバッジがあるのは本当《ほんとう》ですか

実際《じっさい》に受《う》け取《と》ったバッジとNASA《ナサ》のメダル

本当《ほんとう》です。NASA《ナサ》では、宇宙飛行士《うちゅうひこうし》に認定《にんてい》されると、銀《ぎん》のバッジをもらうことができます。

そして実際《じっさい》に宇宙《うちゅう》に行《い》くと、今度《こんど》は同《おな》じデザインの金色《きんいろ》のバッジがもらえます。しかもこの金《きん》のバッジもスペースシャトルに乗《の》って、宇宙飛行士《うちゅうひこうし》と一緒《いっしょ》に宇宙《うちゅう》を旅《たび》するのです。そして、無事《ぶじ》に地球《ちきゅう》に戻《もど》ってきてから授与《じゅよ》されるのです。

このバッジは、マーキュリー宇宙飛行士《うちゅうひこうし》によってデザインされたもので、三本《さんぼん》の尾《お》をひく流《なが》れ星《ぼし》の形《かたち》です。

また、宇宙飛行士《うちゅうひこうし》として選《えら》ばれたものの、病気《びょうき》のため裏方《うらかた》として宇宙開発《うちゅうかいはつ》に貢献《こうけん》したドナルド・スレイトンさんのために、ほとんど同《おな》じデザインで、ダイヤモンドを埋《う》め込《こ》んだ特別《とくべつ》バージョンのバッジが作《つく》られたこともあります。

宇宙服《うちゅうふく》に付《つ》いている ワッペンは何《なに》？

JAXA《ジャクサ》の名前《なまえ》が入った個人用《こじんよう》ワッペン

©JAXA

NASA《ナサ》のミッションロゴ

©NASA

宇宙開発《うちゅうかいはつ》では、ミッションに応《おう》じてロゴが作《つく》られることがあります。ロゴには、ミッションの名前《なまえ》や目標《もくひょう》、関《かか》わる人《ひと》の名前《なまえ》などがデザインされ、チームの一体感《いったいかん》を強《つよ》めるために着用《ちゃくよう》されるほか、お土産《みやげ》ものなどにつけられ、多《おお》くの人《ひと》にミッションを知《し》ってもらうために使用《しよう》されます。

私《わたし》が搭乗《とうじょう》したミッションのロゴは、円《えん》の中《なか》に、スペースシャトル、スペースシャトルに搭乗《とうじょう》したクルーの名前《なまえ》、そして国際宇宙《こくさいうちゅう》ステーションが描《えが》かれていました。日本人《にほんじん》の宇宙飛行士《うちゅうひこうし》には、これとは別《べつ》に、ＪＡＸＡ《ジャクサ》の名前《なまえ》が入《はい》った個人用《こじんよう》ワッペンも作《つく》られます。私《わたし》の場合《ばあい》は、しずく型《がた》の中《なか》に国際宇宙《こくさいうちゅう》ステーションや地球《ちきゅう》、虹《にじ》などがデザインされていました。もちろん、日本《にほん》の国旗《こっき》である日《ひ》の丸《まる》のワッペンもつけていました。

©NASA

4

国際《こくさい》宇宙《うちゅう》ステーション

国際宇宙《こくさいうちゅう》ステーションはどこを飛《と》んでいるのですか

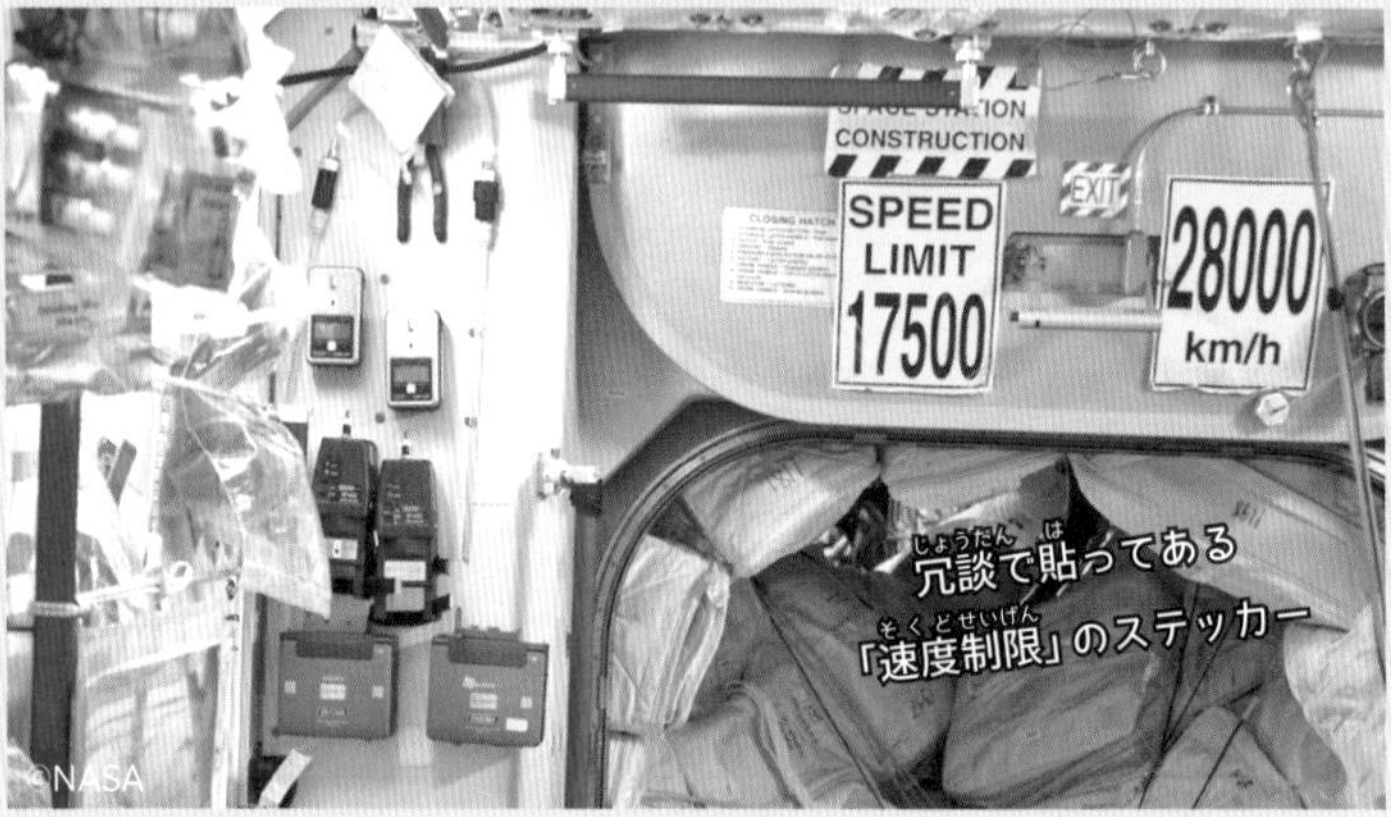

冗談《じょうだん》で貼《は》ってある「速度制限《そくどせいげん》」のステッカー

地上《ちじょう》から高《たか》さ約《やく》４００㎞のところを1秒間《びょうかん》に約《やく》７９００mのスピードで飛行《ひこう》しています。このスピードのことを第一《だいいち》宇宙速度《うちゅうそくど》といい、地球《ちきゅう》の周《まわ》りを約《やく》90分《ぷん》で1周《しゅう》する速《はや》さになります。国際宇宙《こくさいうちゅう》ステーションの中《なか》にはこの速《はや》さを書《か》いた「速度制限《そくどせいげん》」のステッカーが冗談《じょうだん》で貼《は》ってあります。

国際宇宙《こくさいうちゅう》ステーションは、ロシア、アメリカ、カナダ、日本《にほん》、スイス、ベルギー、デンマーク、フランス、ドイツ、イタリア、オランダ、ノルウェー、スペイン、イギリス、スウェーデンの15カ国《こく》が共同《きょうどう》で作《つく》ったものです。

また、国際宇宙《こくさいうちゅう》ステーションはサッカー場《じょう》と同《おな》じくらいの大《おお》きさがあるため、太陽《たいよう》の光《ひかり》を反射《はんしゃ》して肉眼《にくがん》で簡単《かんたん》に見《み》ることができます。ＪＡＸＡ《ジャクサ》のホームページの〝「きぼう」をみよう〟のページで観察《かんさつ》できる日《ひ》と時間帯《じかんたい》を確認《かくにん》したら、みなさんも空《そら》を見上《みあ》げて探《さが》してみてください。

国際宇宙《こくさいうちゅう》ステーションにも昼《ひる》と夜《よる》はありますか

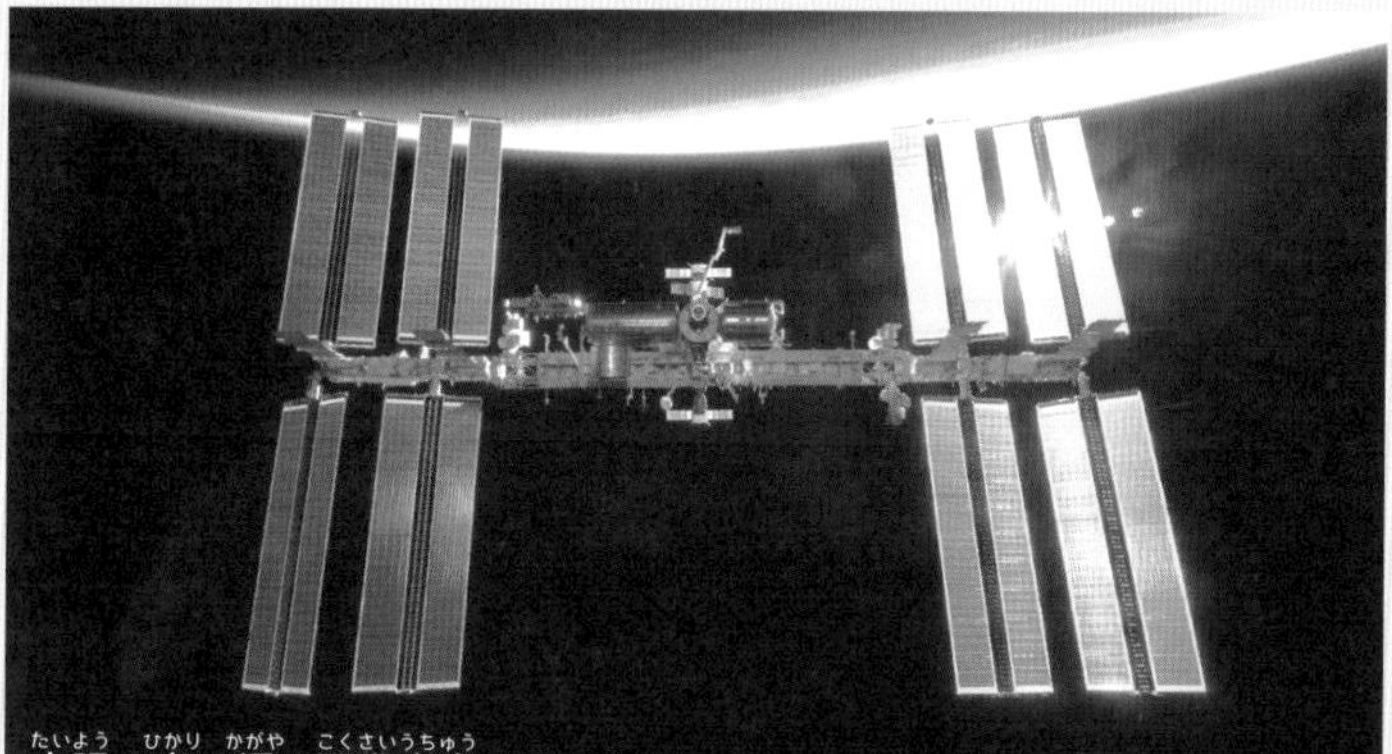

太陽《たいよう》の光《ひかり》で輝《かがや》く国際宇宙《こくさいうちゅう》ステーション ©NASA

国際宇宙《こくさいうちゅう》ステーションは、90分《ぷん》で地球《ちきゅう》を1周《しゅう》しているため、45分《ふん》ごとに昼《ひる》の明《あか》るい時間《じかん》と夜《よる》の暗《くら》い時間《じかん》が繰《く》り返《かえ》されています。

そうなると国際宇宙《こくさいうちゅう》ステーションの一日《いちにち》は90分《ぷん》？ と思《おも》うかもしれませんが、このペースで生活《せいかつ》すると、体《からだ》のリズムが乱《みだ》れるため、国際宇宙《こくさいうちゅう》ステーションの中《なか》でも1日《にち》は24時間《じかん》と決《き》めて行動《こうどう》しています。

もちろん寝《ね》ている間《あいだ》も窓《まど》の外《そと》が明《あか》るくなったり暗《くら》くなったりするわけですが、寝《ね》ているときは消灯《しょうとう》し、窓《まど》のカバーも閉《と》じて外《そと》の光《ひかり》が入《はい》ってこないようにしています。

地球《ちきゅう》では国《くに》や場所《ばしょ》で時間《じかん》は変《か》わりますが、国際宇宙《こくさいうちゅう》ステーションでは、イギリスのグリニッジ天文台《てんもんだい》という場所《ばしょ》の時間《じかん》に合《あ》わせて行動《こうどう》しています。

国際宇宙《こくさいうちゅう》ステーションは どのような構造《こうぞう》になっていますか

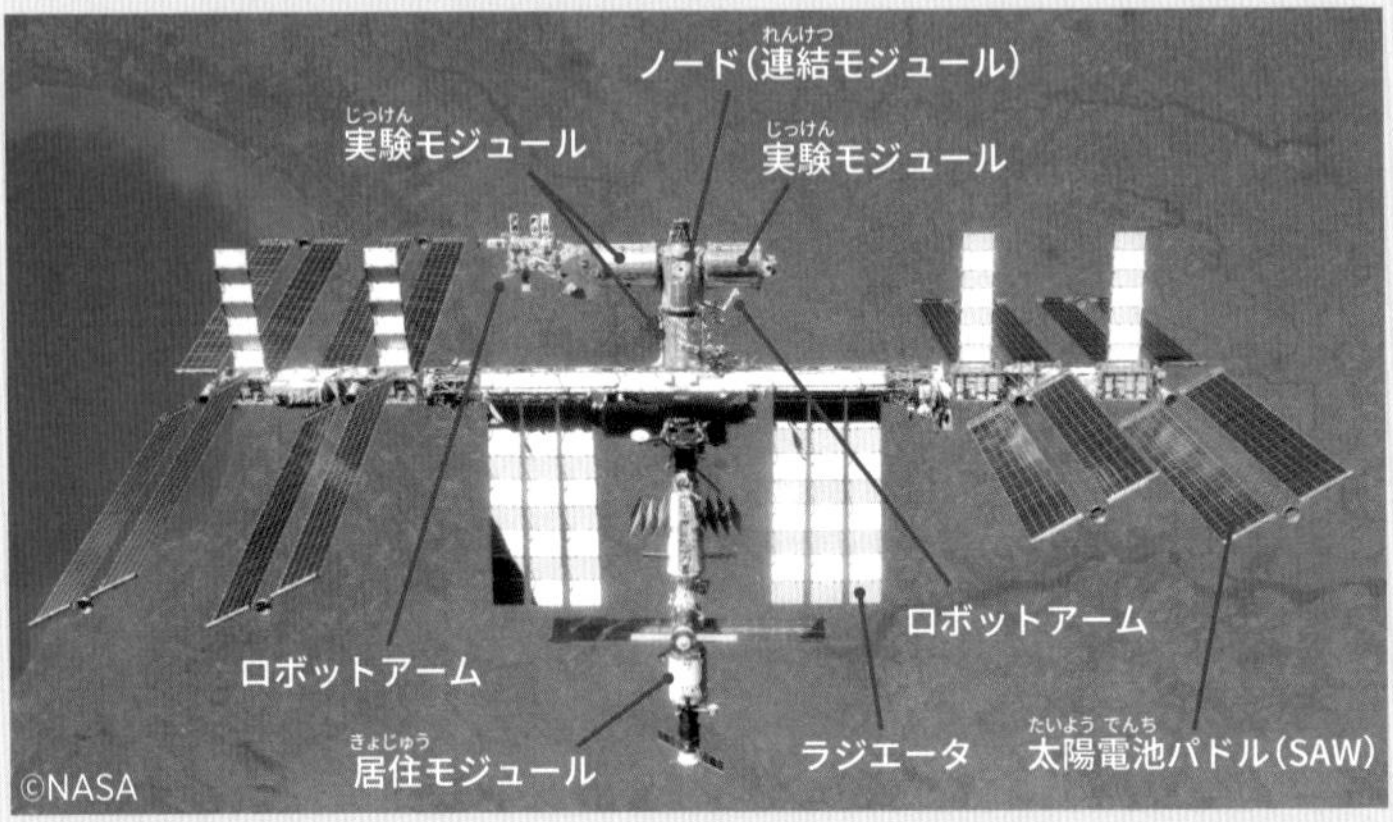

国際宇宙《こくさいうちゅう》ステーションで主《おも》に宇宙飛行士《うちゅうひこうし》が過《す》ごす部分《ぶぶん》は、「モジュール」と「ノード」になります。「モジュール」は部屋《へや》のようなもので、食堂《しょくどう》や寝室《しんしつ》などの役割《やくわり》を果《は》たす「生活《せいかつ》モジュール」と、作業《さぎょう》や実験《じっけん》を行《おこな》うための「実験《じっけん》モジュール」に区別《くべつ》されています。「ノード」はモジュールとモジュールの接続部分《せつぞくぶぶん》で、廊下《ろうか》のようなものです。

モジュールにはそれぞれ愛称《あいしょう》がつけられており、アメリカの『ディスティニー（運命《うんめい》）』、日本《にほん》の『きぼう』、ヨーロッパの『コロンバス』、ロシアの『ザーリャ（夜明《よあ》け）』、『ズヴェズダ（星《ほし》）』などがあります。

この他《ほか》に、宇宙《うちゅう》に出《で》るためのエアロックや補給用《ほきゅうよう》の宇宙船《うちゅうせん》をキャッチするためのロボットアーム、太陽光《たいようこう》電池《でんち》パネルなどがあり、すべてを合《あ》わせるとサッカー場《じょう》くらいの大《おお》きさになります。

国際宇宙《こくさいうちゅう》ステーションの中《なか》で上《うえ》と下《した》の区別《くべつ》はあるの？

地球上《ちきゅうじょう》なら頭《あたま》の方向《ほうこう》が天井《てんじょう》で上《うえ》、足元《あしもと》が床《ゆか》で下《した》になります。しかし、国際宇宙《こくさいうちゅう》ステーションの中《なか》はそう簡単《かんたん》ではありません。無重力《むじゅうりょく》で体《からだ》が宙《ちゅう》に浮《う》いているので、人《ひと》によって頭《あたま》の向《む》きが違《ちが》うからです。みなさんも宇宙飛行士《うちゅうひこうし》がバラバラの方向《ほうこう》で記念撮影《きねんさつえい》をしている写真《しゃしん》を見《み》たことがあると思《おも》います。

この場合《ばあい》、どちらが床《ゆか》でどちらが天井《てんじょう》なのか不思議《ふしぎ》に思《おも》ったことはありませんか？　たとえば「上《うえ》にある工具《こうぐ》を取《と》って」と頼《たの》まれたとき、二人《ふたり》が同《おな》じ向《む》きではなく逆方向《ぎゃくほうこう》に浮《う》いていたら、どちらが上《うえ》か迷《まよ》ってしまいますよね。

そのため国際宇宙《こくさいうちゅう》ステーションでは、照明《しょうめい》が設置《せっち》されている壁《かべ》を天井《てんじょう》、その反対側《はんたいがわ》を床《ゆか》と決《き》めています。計器類《けいきるい》などの数字《すうじ》の向《む》きも、このルールで設置《せっち》されています。

国際宇宙《こくさいうちゅう》ステーションの酸素《さんそ》はどうしているのですか

ロシアの酸素発生《さんそはっせい》システム「エレクトロン」

国際宇宙《こくさいうちゅう》ステーションを組《く》み立《た》てた当初《とうしょ》は、酸素《さんそ》を入《い》れたタンクを無人補給船《むじんほきゅうせん》で地球《ちきゅう》から運《はこ》んで使《つか》っていました。最近《さいきん》ではこの他《ほか》に、宇宙《うちゅう》で酸素《さんそ》を作《つく》る方法《ほうほう》が主《おも》に使《つか》われています。ロシアのエレクトロンは、除湿《じょしつ》で集《あつ》めた空気中《くうきちゅう》の水《みず》を利用《りよう》します。水《みず》を電気分解《でんきぶんかい》することで、酸素《さんそ》と水素《すいそ》に分解《ぶんかい》するのです。余《あま》った水素《すいそ》は宇宙空間《うちゅうくうかん》に捨《す》てます。似《に》たような装置《そうち》にアメリカのOGS《オージィエス》があります。エレクトロンと同《おな》じように水《みず》を電気分解《でんきぶんかい》するのですが、余《あま》った水素《すいそ》を二酸化炭素《にさんかたんそ》と結合《けつごう》させることで、再《ふたた》び水《みず》としてリサイクルできます。最後《さいご》がSFOG《エスエフオージィ》で、緊急用《きんきゅうよう》の酸素発生装置《さんそはっせいそうち》になります。缶《かん》に刺《さ》さっているピンを引《ひ》き抜《ぬ》くと、化学反応《かがくはんのう》で酸素《さんそ》が作《つく》られます。これは、飛行機《ひこうき》の酸素《さんそ》マスクと同《おな》じ仕組《しく》みで、缶《かん》1個《こ》で一人分《ひとりぶん》の1日《にち》の酸素《さんそ》を作《つく》ることができます。

国際宇宙《こくさいうちゅう》ステーションの中《なか》はどんなニオイがしますか

宇宙《うちゅう》バラにはオーバーナイト・センセーションという品種《ひんしゅ》が選《えら》ばれた

宇宙《うちゅう》にあるため、窓《まど》を開《あ》けて換気《かんき》ができません。エアコンのフィルターへの悪影響《あくえいきょう》を考《かんが》えると芳香剤《ほうこうざい》も使《つか》えないため、ニオイにはとても気《き》をつかいます。それでも、いろいろな人《ひと》が20年《ねん》も生活《せいかつ》しているため、私《わたし》が国際宇宙《こくさいうちゅう》ステーションに初《はじ》めて入《はい》った時《とき》は、締《し》め切《き》った部室《ぶしつ》のようなニオイがしました。また、埃《ほこり》が床《ゆか》に沈《しず》まず空気中《くうきちゅう》に浮《う》いているため、よくクシャミもしました。もちろん個人差《こじんさ》があり、「病院《びょういん》みたいなニオイ」といった宇宙飛行士《うちゅうひこうし》もいますし、あまり気《き》にならなかった人《ひと》もいます。しかしすぐに慣《な》れるので、数日《すうじつ》すると気《き》にならなくなります。実《じつ》は過去《かこ》にはすてきな香《かお》りもありました。1998年《ねん》にスペースシャトルで運《はこ》ばれたミニバラの苗《なえ》が、宇宙《うちゅう》で花《はな》を咲《さ》かせたのです。この『宇宙《うちゅう》バラ』の香《かお》り成分《せいぶん》を地球《ちきゅう》で調《しら》べてみると、地球《ちきゅう》で咲《さ》いたバラより繊細《せんさい》な香《かお》りだったそうです。

国際宇宙《こくさいうちゅう》ステーションで楽器《がっき》の演奏《えんそう》はできますか

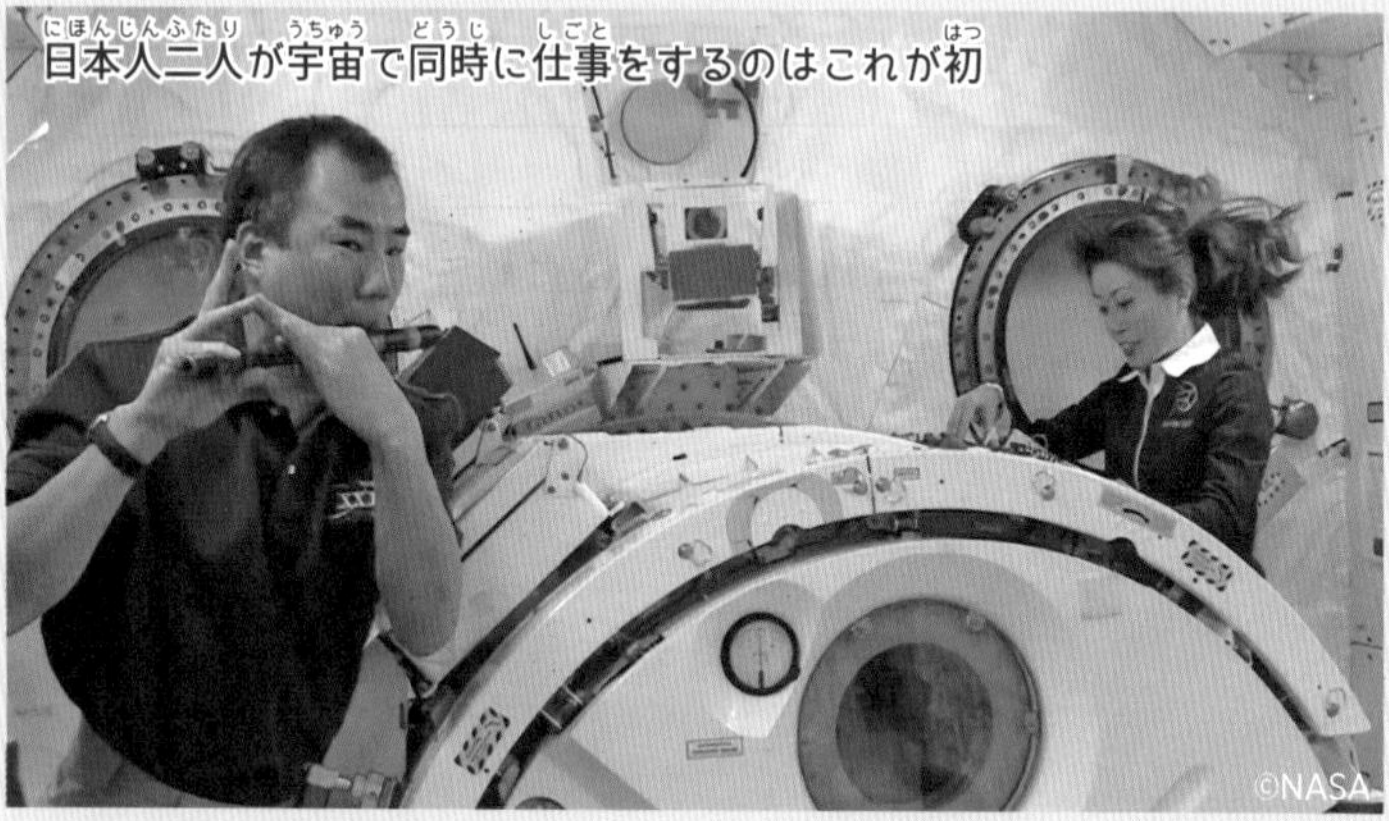

日本人二人《にほんじんふたり》が宇宙《うちゅう》で同時《どうじ》に仕事《しごと》をするのはこれが初《はつ》

私《わたし》は国際宇宙《こくさいうちゅう》ステーションに箏《こと》を持《も》っていき、野口聡一《のぐちそういち》宇宙飛行士《うちゅうひこうし》の龍笛《りゅうてき》（日本古来《にほんこらい》の横笛《よこぶえ》）と一緒《いっしょ》に「さくらさくら」を合奏《がっそう》しました。

ギターを弾《ひ》いてYouTube《ユーチューブ》にアップしている宇宙飛行士《うちゅうひこうし》もいます。ただ宇宙船《うちゅうせん》は狭《せま》いため、ピアノやドラムセットのような大《おお》きい楽器《がっき》を宇宙《うちゅう》に持っていくときは、組立《くみたて》式《しき》にするなど工夫《くふう》が必要《ひつよう》になります。私《わたし》が持《も》っていった箏《こと》も宇宙用《うちゅうよう》に小《ちい》さく作《つく》った特注品《とくちゅうひん》でした。

また国際宇宙《こくさいうちゅう》ステーションの中《なか》は無重力《むじゅうりょく》のため、グランドピアノは持《も》っていけたとしても、音《おと》を鳴《な》らすハンマーがうまく戻《もど》ってくれないために演奏《えんそう》はできないと言《い》われています。

実《じっ》は国際宇宙《こくさいうちゅう》ステーションでは、無重力《むじゅうりょく》を利用《りよう》した新《あたら》しい楽器《がっき》の実験《じっけん》も行《おこな》われています。

国際宇宙《こくさいうちゅう》ステーションに水道《すいどう》はありますか

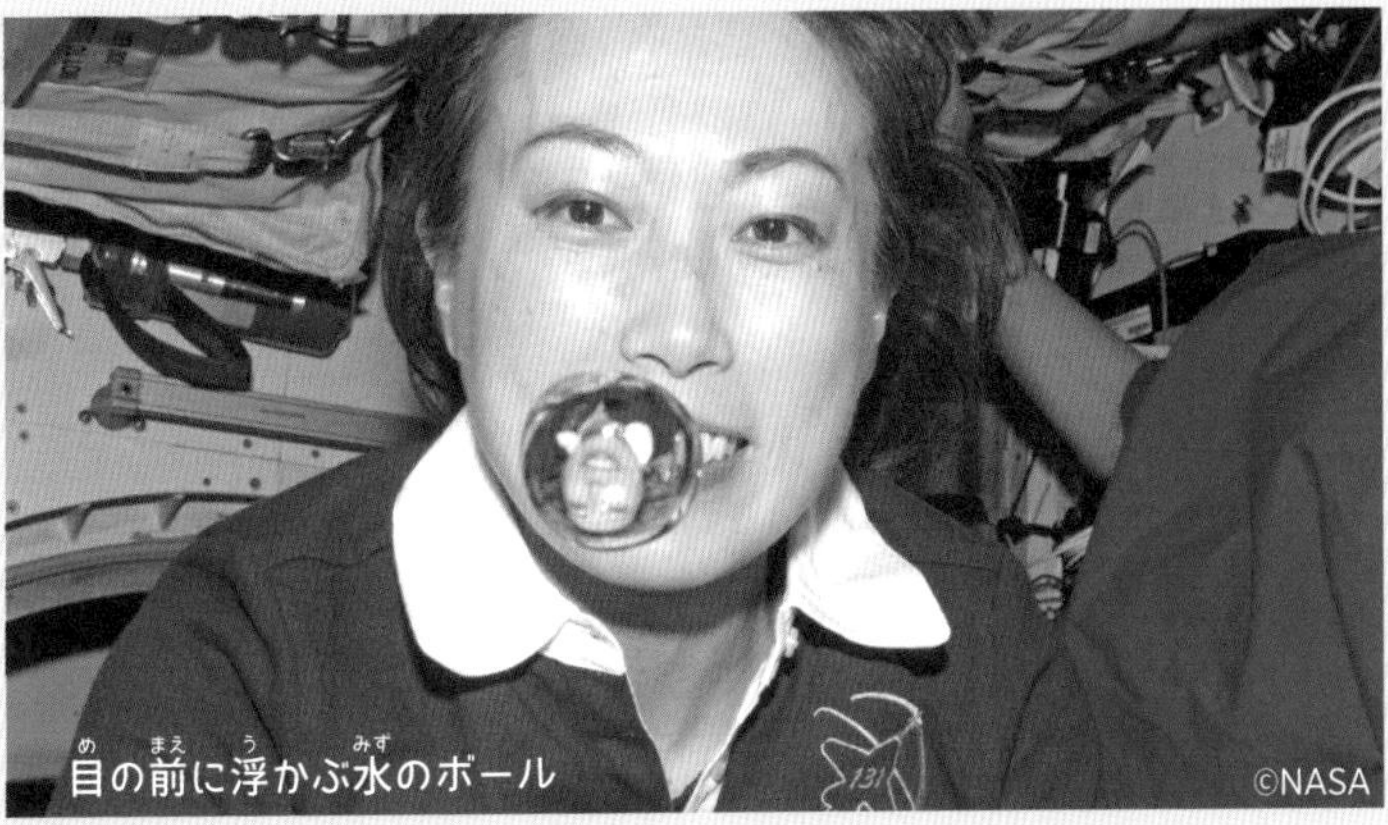

目《め》の前《まえ》に浮《う》かぶ水《みず》のボール ©NASA

無重力空間《むじゅうりょくくうかん》では、水《みず》はボールのような玉《たま》になってぷかぷか浮《う》いてしまいます。そのため水道《すいどう》はありません。飲《の》み水《みず》や宇宙食《うちゅうしょく》に使《つか》う水《みず》は、専用《せんよう》の給水装置《きゅうすいそうち》から直接《ちょくせつ》パックに注《そそ》ぎます。

宇宙《うちゅう》では水《みず》はとても貴重《きちょう》で、一滴《いってき》も無駄《むだ》にできません。実《じつ》はトイレから集《あつ》めたおしっこもきれいにして飲《の》んでいるのです。

驚《おどろ》くかもしれませんが、地球《ちきゅう》でもおしっこや汚《よご》れた水《みず》は下水処理場《げすいしょりじょう》できれいにされた後《あと》に海《うみ》に流《なが》されています。その後《ご》、海《うみ》の水《みず》は蒸発《じょうはつ》して雲《くも》になり、雨《あめ》となって再《ふたた》び地上《ちじょう》に戻《もど》ってきます。そして雨水《あまみず》は、浄水場《じょうすいじょう》でゴミなどを取《と》り除《のぞ》かれた後《あと》に、水道《すいどう》を通《とお》って再《ふたた》び私《わたし》たちの飲《の》み水《みず》になっているのです。国際宇宙《こくさいうちゅう》ステーションでは、それのコンパクト版《ばん》をやっているだけなのです。

国際宇宙《こくさいうちゅう》ステーションにお風呂《ふろ》はありますか

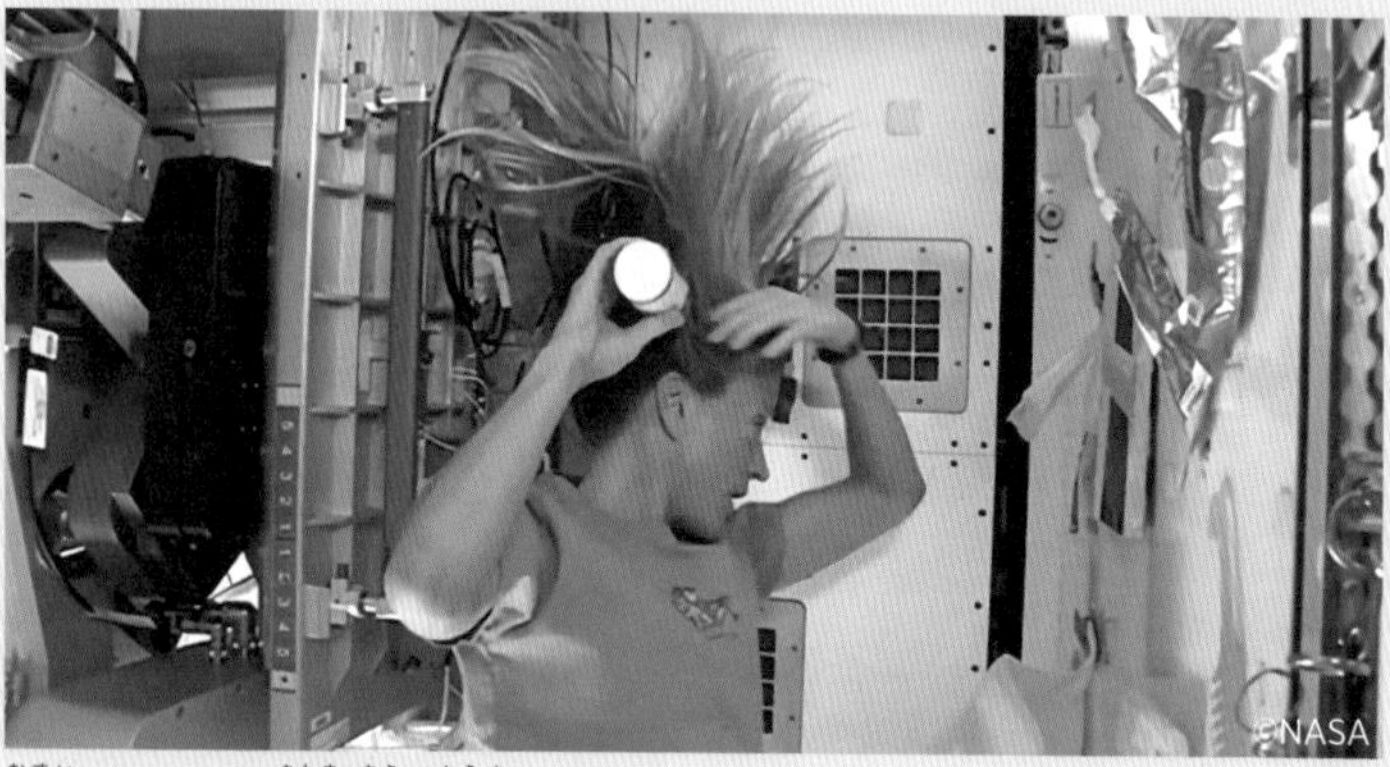

無水《むすい》シャンプーで頭《あたま》を洗《あら》う様子《ようす》

水《みず》は貴重《きちょう》なため、お風呂《ふろ》やシャワーはありません。濡《ぬ》れたタオルで体《からだ》を拭《ふ》くだけです。もちろんお化粧《けしょう》をしていても顔《かお》は洗《あら》えず、濡《ぬ》れたタオルで落《お》とすだけ。しかも宇宙船《うちゅうせん》の中《なか》は飛行機《ひこうき》の中《なか》のようにエアコンで乾燥《かんそう》しています。ビタミン剤《ざい》などサプリメントを飲《の》むこともできますが、新鮮《しんせん》な野菜《やさい》や果物《くだもの》は不足《ふそく》しがち。このため地球《ちきゅう》にいたときよりも肌《はだ》の調子《ちょうし》が悪《わる》くなり、乾燥《かんそう》したり、ときにはあぶらっぽくなったりします。

髪《かみ》は、泡《あわ》が周囲《しゅうい》に飛《と》び散《ち》らない、泡《あわ》の出《で》にくいシャンプーで洗《あら》います。水《みず》は使《つか》わず、洗《あら》い終《お》わったあとは乾《かわ》いたタオルでふき取《と》っておしまいです。

長期滞在《ちょうきたいざい》の宇宙飛行士《うちゅうひこうし》は髪《かみ》も切《き》ります。もちろん切《き》った髪《かみ》が飛《と》ばないように、掃除機《そうじき》で吸《す》い取《と》りながら切《き》ることになります。

宇宙《うちゅう》でも掃除《そうじ》をしますか

国際宇宙《こくさいうちゅう》ステーションのフィルターに掃除機《そうじき》をかける宇宙飛行士《うちゅうひこうし》

掃除《そうじ》はしますが、部屋《へや》の床《ゆか》に掃除機《そうじき》をかけたり、窓《まど》を水拭《みずぶ》きしたりするようなやり方《かた》ではありません。そもそも水拭《みずぶ》きはできません。宇宙船《うちゅうせん》の壁《かべ》にはたくさんの機械《きかい》があり、機械《きかい》は水《みず》が苦手《にがて》だからです。そのためウエットティッシュのようなもので、人《ひと》がよく触《さわ》る手《て》すりなどを拭《ふ》いて消毒《しょうどく》しています。

床《ゆか》に掃除機《そうじき》をかけたいところですが、無重力《むじゅうりょく》のため地球《ちきゅう》のようにホコリが床《ゆか》にたまりません。ホコリもふわふわ浮《う》いているわけです。しかし宇宙船《うちゅうせん》の中《なか》には空気《くうき》の流《なが》れがあり、フィルターの周《まわ》りなどホコリのたまりやすい場所《ばしょ》は決《き》まっています。そのためそこだけ掃除機《そうじき》をかけています。うっかり置《お》き忘《わす》れたハサミなどが、無重力《むじゅうりょく》でふわふわ飛《と》んでなくなってしまうことがありますが、掃除《そうじ》のときにフィルターの近《ちか》くで発見《はっけん》されたりします。

宇宙《うちゅう》ではどんな服《ふく》を着《き》ますか

全身《ぜんしん》が覆《おお》われていてヘルメットをかぶったような、いわゆる「宇宙服《うちゅうふく》」というのは、地球《ちきゅう》から宇宙《うちゅう》に飛《と》び立《た》つとき、地球《ちきゅう》に帰《かえ》るとき、船外活動《せんがいかつどう》のときしか着用《ちゃくよう》しません。普段《ふだん》は地球《ちきゅう》にいるときと同《おな》じような服《ふく》を着《き》ています。ただし、燃《も》えたときに有毒《ゆうどく》ガスを発生《はっせい》させない材質《ざいしつ》であったり、静電気《せいでんき》がおこりにくい材質《ざいしつ》だったりする必要《ひつよう》があります。男性《だんせい》にはT《ティー》シャツとパンツと靴下《くつした》、女性《じょせい》にはブラジャーとパンツと靴下《くつした》など下着類《したぎるい》もNASA《ナサ》が用意《ようい》してくれますが、自分《じぶん》の下着《したぎ》を持《も》っていくこともできます。

また、宇宙《うちゅう》では水《みず》が貴重《きちょう》なため洗濯《せんたく》ができません。汚《よご》れた服《ふく》（特別《とくべつ》に地球《ちきゅう》に持《も》ち帰《かえ》らないとならない服以外《ふくいがい》）はゴミと一緒《いっしょ》にまとめて大気圏《たいきけん》で燃《も》やしてしまいます。そのため服《ふく》の素材《そざい》には、ニオイがしにくい、菌《きん》が繁殖《はんしょく》しにくいなどの工夫《くふう》がされているものもあります。

国際宇宙《こくさいうちゅう》ステーションの中《なか》でも靴《くつ》を履《は》きますか

「レオナルド」
多目的補給《たもくてきほきゅう》
モジュール
にいます
©NASA

無重力空間《むじゅうりょくくうかん》では足《あし》が床《ゆか》につかないため、動《うご》きやすさを優先《ゆうせん》し、靴《くつ》はほとんど履《は》きません。ただし、体《からだ》が浮《う》かないように足《あし》を手《て》すりにひっかけることが多《おお》いため、足《あし》がすれないように靴下《くつした》は履《は》きます。

私《わたし》がスペースシャトルや国際宇宙《こくさいうちゅう》ステーションで履《は》いていた靴下《くつした》は、非常《ひじょう》に細《ほそ》い銅《どう》の繊維《せんい》を編《あ》みこんだ靴下《くつした》や和紙《わし》を編《あ》み込《こ》んだ靴下《くつした》など、日本製《にほんせい》のものもありました。この繊維《せんい》のおかげで、静電気《せいでんき》がおきにくいだけでなく、長《なが》く履《は》いていてもあまり臭《にお》いがしない優《すぐ》れモノでした。

ただし、ランニングマシンや自転車《じてんしゃ》を使《つか》って体《からだ》を鍛《きた》えるときは宇宙飛行士《うちゅうひこうし》も靴《くつ》を履《は》きます。足《あし》が浮《う》かないように特別《とくべつ》な靴《くつ》を履《は》くのですが、ランニングマシンでは、この靴《くつ》を履《は》いて、下方向《したほうこう》にゴムで引《ひ》っ張《ぱ》ることで、地球《ちきゅう》にいるときと同《おな》じようなトレーニングができるのです。

国際宇宙《こくさいうちゅう》ステーションに番組《ばんぐみ》スタジオがあるのですか

菅田将暉《すだまさき》さん、中村倫也《なかむらともや》さん、ナイツの土屋《つちや》さん、田中《たなか》みな実《み》さんらと共《とも》に

２０２０年《ねん》８月《がつ》に国際宇宙《こくさいうちゅう》ステーションの日本実験棟《にほんじっけんとう》『きぼう』船内《せんない》に番組《ばんぐみ》スタジオが開設《かいせつ》されました。その名《な》も、『ＫＩＢＯ《きぼう》宇宙放送局《うちゅうほうそうきょく》』。残念《ざんねん》ながら毎日放送《まいにちほうそう》しているわけではありませんが、記念《きねん》すべき1回目《かいめ》は２０２０年《ねん》８月《がつ》12日《にち》のペルセウス座流星群《ざりゅうせいぐん》の夜《よる》に行《おこな》われました。

このときは、事前《じぜん》にみなさんからメッセージを募集《ぼしゅう》し、それらが東京《とうきょう》のスタジオの映像《えいぞう》と共《とも》に、国際宇宙《こくさいうちゅう》ステーションにリアルタイムで送信《そうしん》され、宇宙《うちゅう》にあるスタジオ内《ない》の画面《がめん》に映像《えいぞう》が映《うつ》し出《だ》されたのです。この様子《ようす》は、筑波宇宙《つくばうちゅう》センターを経由《けいゆ》して世界中《せかいじゅう》の人《ひと》たちにライブ配信《はいしん》されました。これにより、国際宇宙《こくさいうちゅう》ステーションに長期滞在《ちょうきたいざい》する宇宙飛行士《うちゅうひこうし》と宇宙《うちゅう》に設置《せっち》された画面《がめん》を通《とお》してコミュニケーションが楽《たの》しめるというわけです。

みなさんも機会《きかい》があれば、ぜひ参加《さんか》してくださいね。

地球《ちきゅう》と国際宇宙《こくさいうちゅう》ステーションはどんな交信《こうしん》をしているのですか

国際宇宙《こくさいうちゅう》ステーションの運用《うんよう》を行《おこな》っているジョンソン宇宙《うちゅう》センターのミッションコントロールセンター

国際宇宙《こくさいうちゅう》ステーションは毎日《まいにち》、地球《ちきゅう》の管制室《かんせいしつ》から連絡《れんらく》や指示《しじ》を受《う》けていますが、連絡《れんらく》の仕方《しかた》にもルールがあります。

ひとつは、英語《えいご》を使《つか》うこと。もうひとつは、「相手《あいて》の名前《なまえ》」、「自分《じぶん》の名前《なまえ》」、「言《い》いたい内容《ないよう》」の順番《じゅんばん》で話《はな》すことです。たとえば、つくば市《し》にあるJAXA《ジャクサ》の管制室《かんせいしつ》から国際《こくさい》宇宙《うちゅう》ステーションに向《む》けて、「聞《き》こえますか？」と聞《き》きたい場合《ばあい》は、英語《えいご》で「宇宙《うちゅう》ステーション、つくば、聞《き》こえますか？」の順番《じゅんばん》で伝《つた》えます。

「Copy《コピー》＝了解《りょうかい》」「Copy all《コピー オール》＝すべて了解《りょうかい》」「Go《ゴー》＝実行《じっこう》しても大丈夫」「だめなときはNo Go《ノー ゴー》」「Concur《コンカー》＝賛成《さんせい》、同意《どうい》」など、独特《どくとく》な交信用語《こうしんようご》も使《つか》われています。長《なが》く話《はな》すと時間《じかん》がもったいないため、簡潔《かんけつ》に話《はな》すことが多《おお》いようです。

国際宇宙《こくさいうちゅう》ステーションで結婚式《けっこんしき》が行《おこな》われたことがあるのですか

等身大《とうしんだい》パネルとモニター越《こ》しの新郎《しんろう》

2003年《ねん》8月《がつ》10日《か》に、国際宇宙《こくさいうちゅう》ステーションに滞在《たいざい》していた新郎《しんろう》のユーリ・マレンチェンコ宇宙飛行士《うちゅうひこうし》と、地球《ちきゅう》にいる新婦《しんぷ》のエカテリーナ・ドミトリエフさんの結婚式《けっこんしき》が中継《ちゅうけい》で行《おこな》われました。これは、マレンチェンコ宇宙飛行士《うちゅうひこうし》の宇宙《うちゅう》の滞在期間《たいざいきかん》が予定《よてい》より延《の》びてしまったため、結婚式《けっこんしき》を予定《よてい》していた日《ひ》に地球《ちきゅう》に帰《かえ》れなかったからです。そのため新郎《しんろう》の指輪《ゆびわ》は、ロシアの使《つか》い捨《す》て無人《むじん》貨物輸送宇宙船《かもつゆそううちゅうせん》プログレスで運《はこ》んだそうです。

結婚式《けっこんしき》の当日《とうじつ》、地球《ちきゅう》でウエディングドレスを着《き》た花嫁《はなよめ》は、モニター越《ご》しに新郎《しんろう》と見《み》つめ合《あ》いながら、新郎《しんろう》の等身大写真《とうしんだいしゃしん》と並《なら》んで記念撮影《きねんさつえい》をしました。しかしその後《ご》、宇宙飛行士《うちゅうひこうし》の契約書《けいやくしょ》に「宇宙滞在中《うちゅうたいざいちゅう》の結婚式《けっこんしき》は禁止《きんし》」というルールが追加《ついか》されてしまい、今後《こんご》ルールが変《か》わらない限《かぎ》り、宇宙《うちゅう》での結婚式《けっこんしき》はこれが最初《さいしょ》で最後《さいご》となりました。

国際宇宙《こくさいうちゅう》ステーションでも季節《きせつ》を感《かん》じられますか

国際宇宙《こくさいうちゅう》ステーションの中《なか》は、一年中《いちねんじゅう》同《おな》じ温度《おんど》です。雪《ゆき》が降《ふ》ったり、日差《ひざ》しが強《つよ》くて暑《あつ》かったりすることもありません。しかし、少《すこ》しでも季節感《きせつかん》を出《だ》すために、国際宇宙《こくさいうちゅう》ステーションでは、クリスマスなどいろいろな国《くに》の文化《ぶんか》のお祝《いわ》いをしています。

たとえば日本《にほん》のひな祭《まつ》りをお祝《いわ》いしたこともあります。大《おお》きなお人形《にんぎょう》は飾《かざ》れないため、地上《ちじょう》から国際宇宙《こくさいうちゅう》ステーションにデータを転送《てんそう》して作《つく》った、ペーパークラフトのひな人形《にんぎょう》を飾《かざ》りました。２０１８年《ねん》から3Dプリンターが導入《どうにゅう》されたので、近《ちか》い将来《しょうらい》には立体《りったい》のひな人形《にんぎょう》が飾《かざ》られるようになるかもしれません。

２００９年《ねん》12月《がつ》23日《にち》、野口聡一《のぐちそういち》宇宙飛行士《うちゅうひこうし》は、サンタクロースになって国際宇宙《こくさいうちゅう》ステーションへ入《はい》りました。宇《う》宙《ちゅう》にも季節感《きせつかん》があるといいですよね。

キューポラって何《なん》ですか

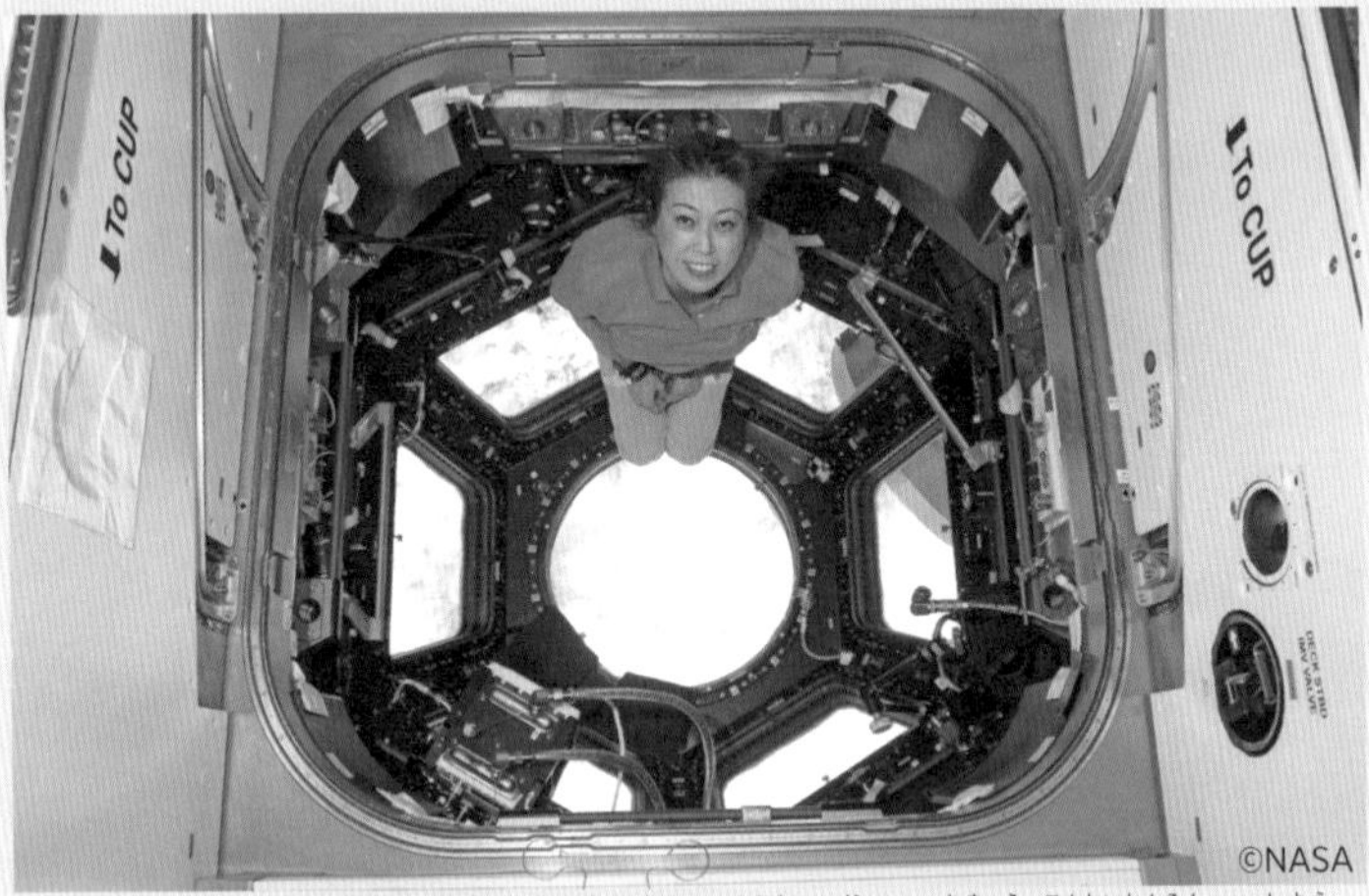

視野《しや》が広《ひろ》いため、宇宙船《うちゅうせん》の接近《せっきん》・分離《ぶんり》の監視《かんし》を行《おこな》う以外《いがい》に、地球《ちきゅう》や天体観測《てんたいかんそく》にも使用《しよう》

国際宇宙《こくさいうちゅう》ステーションにある展望窓《てんぼうまど》のことで、宇宙《うちゅう》飛行士《ひこうし》の人気《にんき》の撮影《さつえい》スポットになっています。この窓《まど》は、私《わたし》が国際宇宙《こくさいうちゅう》ステーションに行《い》く2カ月前《げつまえ》に取《と》り付《つ》けられたもので、常《つね》に地球側《ちきゅうがわ》を向《む》いています。半球形《はんきゅうけい》で出窓《でまど》のように突《つ》き出《だ》しているため、上半身《じょうはんしん》を入《い》れるような感《かん》じで地球《ちきゅう》を見《み》ます。

実《じつ》はGoogle《グーグル》 Earth《アース》というアプリを使《つか》うと、みなさんもキューポラからの景色《けしき》を眺《なが》めることができます。やり方《かた》は、「キューポラ観測《かんそく》モジュール」で検索《けんさく》するだけ。たったこれだけで、キューポラにいるような感覚《かんかく》を味《あじ》わうことができます。しかもそのまま国際宇宙《こくさいうちゅう》ステーションの中《なか》を探索《たんさく》することもできるのです。ケーブルやノートパソコンが散乱《さんらん》していて驚《おどろ》くかもしれませんが、トイレや「きぼう」などを訪《おとず》れてみても面白《おもしろ》いと思《おも》います。

国際宇宙《こくさいうちゅう》ステーションから国境《こっきょう》は見《み》えますか

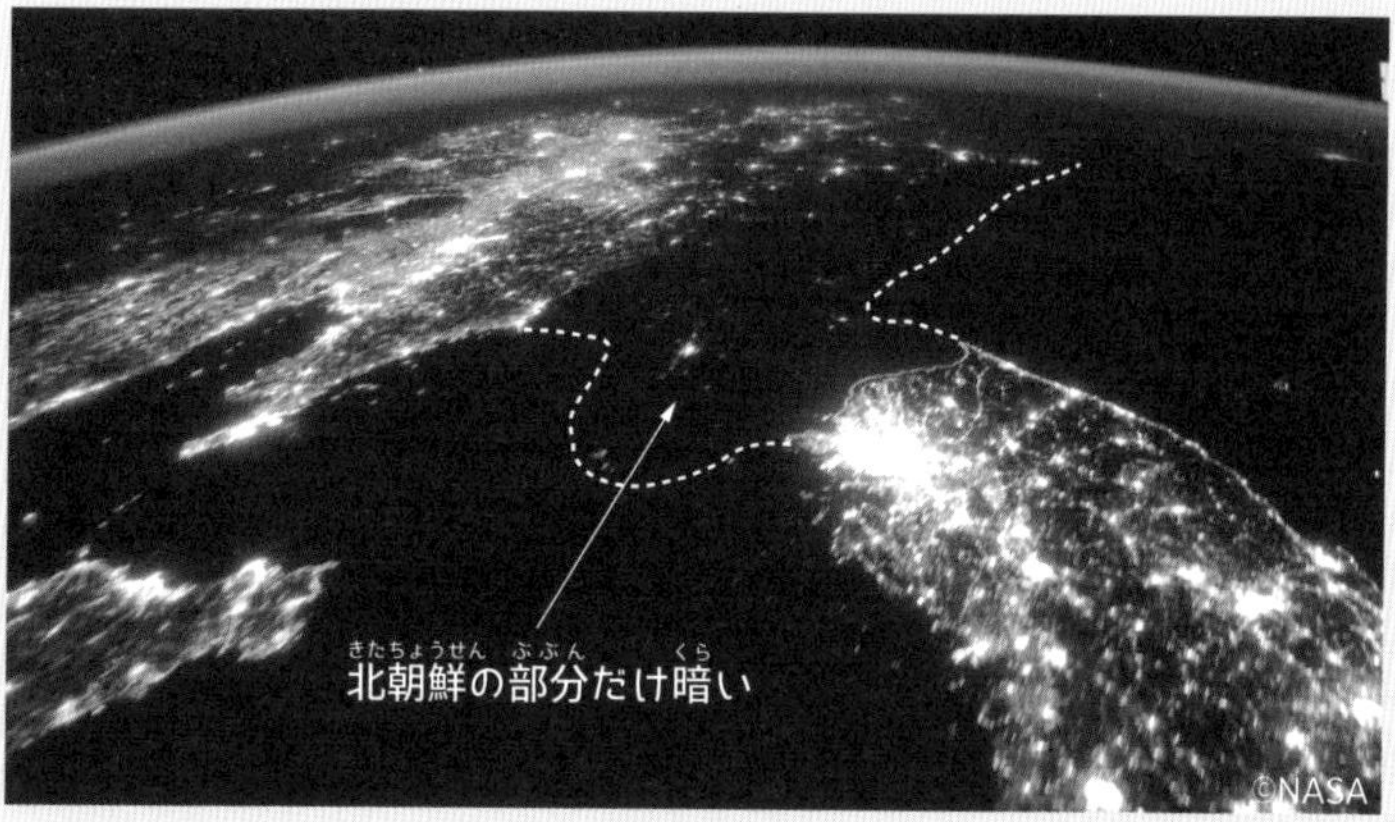

「見《み》えない」と言《い》いたいところですが、間接的《かんせつてき》に見《み》える国境《こっきょう》もあります。たとえば、川《かわ》や山脈《さんみゃく》をそのまま国境《こっきょう》として使《つか》っている国《くに》だと、川《かわ》や山脈《さんみゃく》が宇宙《うちゅう》から見《み》えたりします。少《すこ》し悲《かな》しい話《はなし》ですが、世界《せかい》には国境《こっきょう》をフェンスで区切《くぎ》っている国《くに》もあります。その場合《ばあい》、夜《よる》にはフェンスの明《あ》かりがつながって線状《せんじょう》に見《み》えます。また、韓国《かんこく》と北朝鮮《きたちょうせん》の軍事境界線《ぐんじきょうかいせん》は、韓国側《かんこくがわ》は夜《よる》でも明《あか》るいのに対《たい》し北朝鮮側《きたちょうせんがわ》は暗《くら》いため、間接的《かんせつてき》に国境《こっきょう》がわかります。

しかし宇宙《うちゅう》で過《す》ごしていると、国境《こっきょう》がいかに人工的《じんこうてき》かということに気《き》づかされます。そのことがわかるサルタン・アル・サウド宇宙飛行士《うちゅうひこうし》の有名《ゆうめい》な言葉《ことば》を紹介《しょうかい》します。

「最初《さいしょ》の1〜2日《か》は、みんなが自分《じぶん》の国《くに》を指《ゆび》さした。3〜4日目《かめ》は、自分《じぶん》の大陸《たいりく》を指《ゆび》さすようになった。5日目《かめ》、私《わたし》たちの目《め》に映《うつ》っているのは、たったひとつの地球《ちきゅう》だった」

国際宇宙《こくさいうちゅう》ステーションが故障《こしょう》したらどうするのですか

国際宇宙《こくさいうちゅう》ステーションにある３Ｄ《スリーディー》プリンター

宇宙《うちゅう》まで修理屋《しゅうりや》さんを呼《よ》ぶことはできないので、宇宙《うちゅう》飛行士《ひこうし》が壊《こわ》れた部品《ぶひん》を交換《こうかん》することになります。そのため宇宙飛行士《うちゅうひこうし》は、いろいろな修理《しゅうり》の訓練《くんれん》を受《う》けています。大西宇宙飛行士《おおにしうちゅうひこうし》はトイレの修理《しゅうり》が得意《とくい》で、「トイレ修理《しゅうり》のスペシャリスト」と名乗《なの》っていたそうです。

もちろん修理《しゅうり》をするには部品《ぶひん》が必要《ひつよう》になるため、国際《こくさい》宇宙《うちゅう》ステーションにはなんと約《やく》１８０００kgもの交換用《こうかんよう》の部品《ぶひん》が積《つ》まれています。ものすごい量《りょう》ですよね。これらの部品《ぶひん》を運《はこ》んだり、狭《せま》い国際宇宙《こくさいうちゅう》ステーション内《ない》に置《お》き場所《ばしょ》を確保《かくほ》したりすることはとても大変《たいへん》なので、最近《さいきん》では３Ｄ《スリーディー》プリンターが導入《どうにゅう》されました。必要《ひつよう》な時《とき》に、必要《ひつよう》な部品《ぶひん》をその場《ば》で作《つく》るというわけです。さらに、いらなくなった部品《ぶひん》を溶《と》かして新《あたら》しい部品《ぶひん》にリサイクルすることも計画《けいかく》されています。

国際宇宙《こくさいうちゅう》ステーションは２０２４年《ねん》までしか使《つか》わないって本当《ほんとう》？

国際宇宙《こくさいうちゅう》ステーション

©NASA

現在《げんざい》の予定《よてい》では本当《ほんとう》です。しかし、２０２５年《ねん》からは国際宇宙《こくさいうちゅう》ステーションに誰《だれ》も住《す》まなくなる、ということではないでしょう。今《いま》までは、いろいろな国《くに》がお金《かね》を出《だ》し合《あ》って運営《うんえい》していましたが、２０２５年《ねん》からは全部《ぜんぶ》ではありませんが、民間企業《みんかんきぎょう》が自由《じゆう》に使《つか》えるようにしようという案《あん》があります。たとえば、Axiom《アクシアム》という会社《かいしゃ》が、宇宙観光《うちゅうかんこう》のプログラムを発表《はっぴょう》しています。これは、ホテル用《よう》の部屋《へや》や展望室《てんぼうしつ》を打《う》ち上《あ》げて国際宇宙《こくさいうちゅう》ステーションにつなぎ、宇宙旅行者用《うちゅうりょこうしゃよう》のホテルを作《つく》るという計画《けいかく》です。

また、俳優《はいゆう》のトム・クルーズさんは、国際宇宙《こくさいうちゅう》ステーションでの映画《えいが》の撮影《さつえい》を発表《はっぴょう》しています。日本《にほん》の実験棟《じっけんとう》『きぼう』でもＣＭ《シーエム》が撮影《さつえい》されたことがありました。ＪＡＸＡ《ジャクサ》「きぼう利用《りよう》プロモーション室《しつ》」では、国《くに》の実験《じっけん》だけでなく、気軽《きがる》に宇宙《うちゅう》を活用《かつよう》するための相談《そうだん》にのっています。

Discovery

5

宇《う》宙《ちゅう》船《せん》と探《たん》査《さ》機《き》

宇宙《うちゅう》から帰《かえ》る前《まえ》にすることは何《なん》ですか

国際《こくさい》宇宙《うちゅう》ステーションに5カ月《げつ》以上《いじょう》滞在《たいざい》し、ソユーズ宇宙船《うちゅうせん》のカプセルで地球《ちきゅう》に帰還《きかん》した直後《ちょくご》の乗組員《のりくみいん》の様子《ようす》

宇宙《うちゅう》で過《す》ごしていると、筋肉《きんにく》だけではなく血液《けつえき》も減《へ》ってしまいます。そのため地球《ちきゅう》に帰《かえ》る前《まえ》には、水分《すいぶん》と塩分《えんぶん》を補給《ほきゅう》してあげることで血液《けつえき》の量《りょう》を増《ふ》やします。何《なに》もしないで地球《ちきゅう》に戻《もど》ってしまうと、重力《じゅうりょく》の変化《へんか》で立《た》ちくらみを起《お》こしてしまうからです。朝礼《ちょうれい》で立《た》ち続《つづ》けていると貧血《ひんけつ》で倒《たお》れてしまう生徒《せいと》がいるのと同《おな》じです。

飲《の》む量《りょう》は元《もと》の体重《たいじゅう》にもよりますが、1リットルくらいになります。そのため飲《の》みきるのはなかなか大変《たいへん》です。このとき、塩水《しおみず》を飲《の》むことで水分《すいぶん》と塩分《えんぶん》を一緒《いっしょ》に摂取《せっしゅ》する方法《ほうほう》もありますが、塩分《えんぶん》を塩《しお》のタブレットにすることで、飲《の》み水《みず》とは別々《べつべつ》に補給《ほきゅう》することもできます。毛利衛《もうりまもる》宇宙《うちゅう》飛行士《ひこうし》は、塩《しお》のタブレットの代《か》わりに梅干《うめぼし》を食《た》べたそうです。

ただ、水分《すいぶん》と塩分《えんぶん》を補給《ほきゅう》したとしても、宇宙《うちゅう》から帰《かえ》って

帰還後《きかんご》2時間《じかん》ほどでこの笑顔《えがお》

きてすぐに立《た》つことはできません。誰《だれ》かに支《ささ》えてもらう必要《ひつよう》があります。これは筋力《きんりょく》が弱《よわ》っているからというよりは、三半規管《さんはんきかん》がくるっているからです。三半規管《さんはんきかん》は、耳《みみ》の内側《うちがわ》にあり、体《からだ》を動《うご》かしたときにバランスを保《たも》つ機能《きのう》があるのです。ただ、宇宙滞在期間《うちゅうたいざいきかん》にもよりますが、1、2時間《じかん》もたつと地球《ちきゅう》の重力《じゅうりょく》に体《からだ》が慣《な》れてきて立《た》てるようになります。これは、宇宙《うちゅう》でも筋肉《きんにく》が落《お》ちないように、宇宙《うちゅう》飛行士《ひこうし》がきちんとトレーニングをしているおかげです。

私《わたし》は地球《ちきゅう》に帰《かえ》ってきたとき、風《かぜ》のささやき、草木《くさき》の香《かお》り、土《つち》の感触《かんしょく》など、当《あ》たり前《まえ》の景色《けしき》の中《なか》にある全《すべ》てのものがいとおしく感《かん》じました。

地球《ちきゅう》にいたときは宇宙《うちゅう》が特別《とくべつ》な場所《ばしょ》だと思《おも》っていたのですが、私《わたし》たちにとって地球《ちきゅう》こそが特別《とくべつ》な場所《ばしょ》であると気《き》づかされたのです。

ロケットの大《おお》きさはどのくらい？

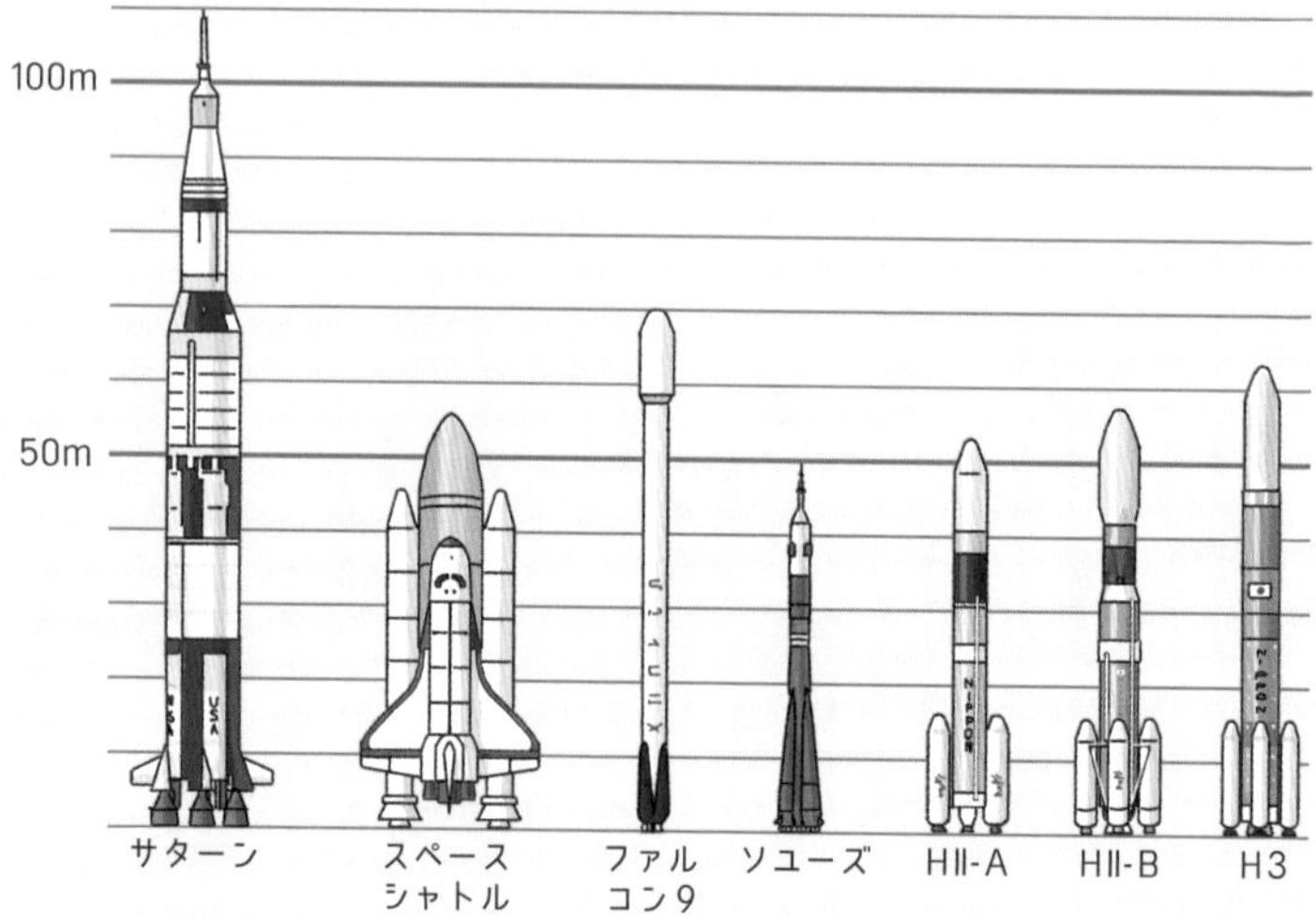

切《き》り離《はな》してしまう燃料《ねんりょう》タンクを含《ふく》めるかにもよりますが、有人宇宙船《ゆうじんうちゅうせん》だとスペースシャトルが高《たか》さ約《やく》56m、スペースX社《エックスしゃ》の『ファルコン9』が約《やく》70m、ロシアのソユーズが約《やく》49mになります。史上最《しじょうもっと》も大《おお》きいロケットとしてギネス記録《きろく》に登録《とうろく》されているのは、アポロ計画《けいかく》などに利用《りよう》された『サターンV型《ヴィがた》ロケット』で、110mもありました。電車《でんしゃ》の1両《りょう》がだいたい20mくらいですから、それを縦《たて》に並《なら》べてイメージしてみてください。電車《でんしゃ》を5両並《りょうなら》べたよりも、まだ高《たか》いものが宇宙《うちゅう》に旅立《たびだ》つわけですから、驚《おどろ》きますよね。ただこれだけ大《おお》きなロケットでも、人間《にんげん》が乗《の》れるスペースはそれほど広《ひろ》くはありませんでした。

日本《にほん》のロケットは有人宇宙船《ゆうじんうちゅうせん》ではありませんが、『HⅡ《エイチツー》－A《エイ》ロケット』が約《やく》53m、『HⅡ《エイチツー》－B《ビー》ロケット』が約《やく》57mで、最新《さいしん》の『H3《エイチスリー》ロケット』は約《やく》63mになります。

ロケットの打《う》ち上《あ》げはどこで見《み》ることができるの？

©NASA

スペースシャトルはアメリカのケネディ宇宙《うちゅう》センター、JAXA《ジャクサ》の『こうのとり』は鹿児島県《かごしまけん》の種子島宇宙《たねがしまうちゅう》センターから打《う》ち上《あ》げていました。小《ちい》さなロケットだと、鹿児《かご》島県《しまけん》の内之浦宇宙空間観測所《うちのうらうちゅうくうかんかんそくじょ》や北海道大樹町《ほっかいどうたいきちょう》のインターステラテクノロジズ社《しゃ》が打《う》ち上《あ》げを行《おこな》っています。

私《わたし》は現在《げんざい》、水平型《すいへいがた》スペースポートの設置《せっち》を目指《めざ》しています。水平型《すいへいがた》スペースポートは宇宙港《うちゅうこう》とも呼《よ》ばれ、ロケットの飛行場《ひこうじょう》のことで、アメリカではすでに12カ所《しょ》が認定《にんてい》されています。日本《にほん》でもヴァージン・オービット社《しゃ》が大分県《おおいたけん》と協力《きょうりょく》し、水平発射《すいへいはっしゃ》ロケットの母機《ぼき》を離着陸《りちゃくりく》させるための宇宙港《うちゅうこう》の整備《せいび》を発表《はっぴょう》。沖縄県《おきなわけん》も下地宇宙港事業《しもじうちゅうこうじぎょう》を発表《はっぴょう》しました。これらが実現《じつげん》すると、アジア初《はつ》となる宇宙港《うちゅうこう》が誕生《たんじょう》するかもしれません。この他《ほか》にも日本《にほん》には幾《いく》つかの候補地《こうほち》があります。

ロケットが間違《まちが》えて住宅《じゅうたく》に飛《と》んでいく危険《きけん》はないの？

©NASA

ロケットを打《う》ち上《あ》げる方向《ほうこう》は決《き》まっていて、地球《ちきゅう》の回転《かいてん》を利用《りよう》する東側《ひがしがわ》か、もしくは北《きた》か南《みなみ》に向《む》けて打《う》ち上《あ》げます。そのため、東側《ひがしがわ》や北側《きたがわ》、南側《みなみがわ》が海《うみ》で、住宅《じゅうたく》などがない場所《ばしょ》から打《う》ち上《あ》げるのです。しかし中国《ちゅうごく》やロシアは、国《くに》の内側《うちがわ》から打《う》ち上《あ》げることもあり、いまだにロケットの一部《いちぶ》が住宅《じゅうたく》などに落《お》ちてしまうことがあります。

またロケットには、打《う》ち上《あ》げの途中《とちゅう》で異常《いじょう》を発見《はっけん》したら、自動《じどう》でエンジンを停止《ていし》させる安全装置《あんぜんそうち》が付《つ》いています。ロケットの打《う》ち上《あ》げの失敗《しっぱい》で「打《う》ち上《あ》げ直後《ちょくご》にエンジンが動作停止《どうさていし》」というニュースを見《み》たことはありませんか？　実《じつ》はエンジンが壊《こわ》れたのではなく、予定外《よていがい》のところに飛《と》んでいきそうになったため、安全《あんぜん》のためにわざとコンピューターがエンジンを停止《ていし》させたというケースもあるのです。

宇宙船《うちゅうせん》の打《う》ち上《あ》げに関《かん》する変《か》わった伝統《でんとう》はありますか

ソユーズ宇宙船《うちゅうせん》の打《う》ち上《あ》げの成功《せいこう》を祈《いの》り、祝福《しゅくふく》の儀式《ぎしき》を行《おこな》うロシア正教《せいきょう》の司祭《しさい》

ロシアでは、宇宙船《うちゅうせん》を打《う》ち上《あ》げるときに、宇宙飛行士《うちゅうひこうし》たちが発射台《はっしゃだい》におしっこをかけるそうです。この伝統《でんとう》はガガーリンがはじめたことで、女性宇宙飛行士《じょせいうちゅうひこうし》は参加《さんか》しなくてもいいそうです。

アメリカでは、打《う》ち上《あ》げ前《まえ》にクルー全員《ぜんいん》でトランプのポーカーゲームをします。船長《せんちょう》が負《ま》けてから出発《しゅっぱつ》するのが、げん担《かつ》ぎになっています。また、打《う》ち上《あ》げを見守《みまも》る宇宙《うちゅう》飛行士《ひこうし》の家族《かぞく》には、地上《ちじょう》に残《のこ》った宇宙飛行士《うちゅうひこうし》の仲間《なかま》が付《つ》き添《そ》ってくれます。これは家族《かぞく》を安心《あんしん》させるためで、私《わたし》の家族《かぞく》には向井千秋《むかいちあき》さんが付《つ》き添《そ》ってくれました。

スペースシャトルでは、宇宙《うちゅう》での最初《さいしょ》の食事《しょくじ》は伝統的《でんとうてき》にサンドイッチになります。ごく普通《ふつう》のサンドイッチで、中身《なかみ》を決《き》められるため、私《わたし》はピーナッツバターサンドにしました。お弁当《べんとう》のような食事《しょくじ》はこの一回《いっかい》だけになります。

宇宙船《うちゅうせん》にぬいぐるみを持《も》っていくのは本当《ほんとう》ですか

フョードル・ユールチキン船長《せんちょう》の子《こ》どもが選《えら》んだぬいぐるみ(2017年《ねん》)

ソユーズ宇宙船《うちゅうせん》では操縦席《そうじゅうせき》に、「無重力《むじゅうりょく》インジケーター」とも呼《よ》ばれるぬいぐるみをぶら下《さ》げておくことがあります。ぬいぐるみがあることで、カメラ映像《えいぞう》を見《み》る人《ひと》たちが、無重力《むじゅうりょく》になった瞬間《しゅんかん》を見分《みわ》けることができるのです。

宇宙《うちゅう》に連《つ》れていくぬいぐるみの種類《しゅるい》は、船長《せんちょう》の子《こ》どもが決《き》めることが多《おお》いのですが、2016年《ねん》の『ソユーズM《エム》S《エス》-01』では、船長《せんちょう》の子《こ》どもが大《おお》きかったため、代《か》わりに大西卓哉《おおにしたくや》宇宙飛行士《うちゅうひこうし》の娘《むすめ》さんが決《き》めたそうです。ただ残念《ざんねん》なことに、吊《つ》るした位置《いち》が高《たか》すぎて、無重力《むじゅうりょく》になる瞬間《しゅんかん》がカメラに映《うつ》らなかったとか。

伝統的《でんとうてき》に、くまのぬいぐるみが使《つか》われることが多《おお》いのですが、2020年《ねん》に打《う》ち上《あ》げられた『クルー・ドラゴン』では、スパンコールつきの恐竜《きょうりゅう》のぬいぐるみが使《つか》われました。

宇宙船《うちゅうせん》から流《なが》れ星《ぼし》は見《み》えますか

ALE《エール》が思《おも》い描《えが》いている人工流《じんこうなが》れ星《ぼし》のイメージ図《ず》

宇宙《うちゅう》で過《す》ごしている間《あいだ》は、1日《にち》に何個《なんこ》も流《なが》れ星《ぼし》を見《み》ることができました。宇宙空間《うちゅうくうかん》を横切《よこぎ》り、地球《ちきゅう》の大気《たいき》に突入《とつにゅう》する際《さい》に明《あか》るく光《ひか》り、燃《も》え尽《つ》きて消《き》えてしまう様子《ようす》がとても美《うつく》しかったことを覚《おぼ》えています。

地球《ちきゅう》に戻《もど》ってからは、宇宙船《うちゅうせん》にいた頃《ころ》のように毎日《まいにち》は見《み》ることができず、残念《ざんねん》な気分《きぶん》でした。しかし地球《ちきゅう》でも、流星群《りゅうせいぐん》がやってくると流《なが》れ星《ぼし》を多《おお》く見《み》ることができます。特《とく》に「しぶんぎ座流星群《ざりゅうせいぐん》」「ペルセウス座流星群《ざりゅうせいぐん》」「ふたご座流星群《ざりゅうせいぐん》」は「三大流星群《さんだいりゅうせいぐん》」と呼《よ》ばれています。

近《ちか》い将来《しょうらい》、好《す》きな時間《じかん》と場所《ばしょ》で、流《なが》れ星《ぼし》を楽《たの》しめるようになるかもしれません。実《じつ》は、ALE《エール》という会社が、人工《じんこう》の流《なが》れ星《ぼし》を作《つく》ることに挑戦《ちょうせん》しています。人工衛星《じんこうえいせい》から直《ちょっ》径約《けいやく》1㎝の粒《つぶ》を発射《はっしゃ》することで、オレンジやブルーなど、さまざまな色《いろ》の流《なが》れ星《ぼし》を作《つく》る研究《けんきゅう》をしているそうです。

宇宙船《うちゅうせん》は使《つか》い捨《す》てなの？

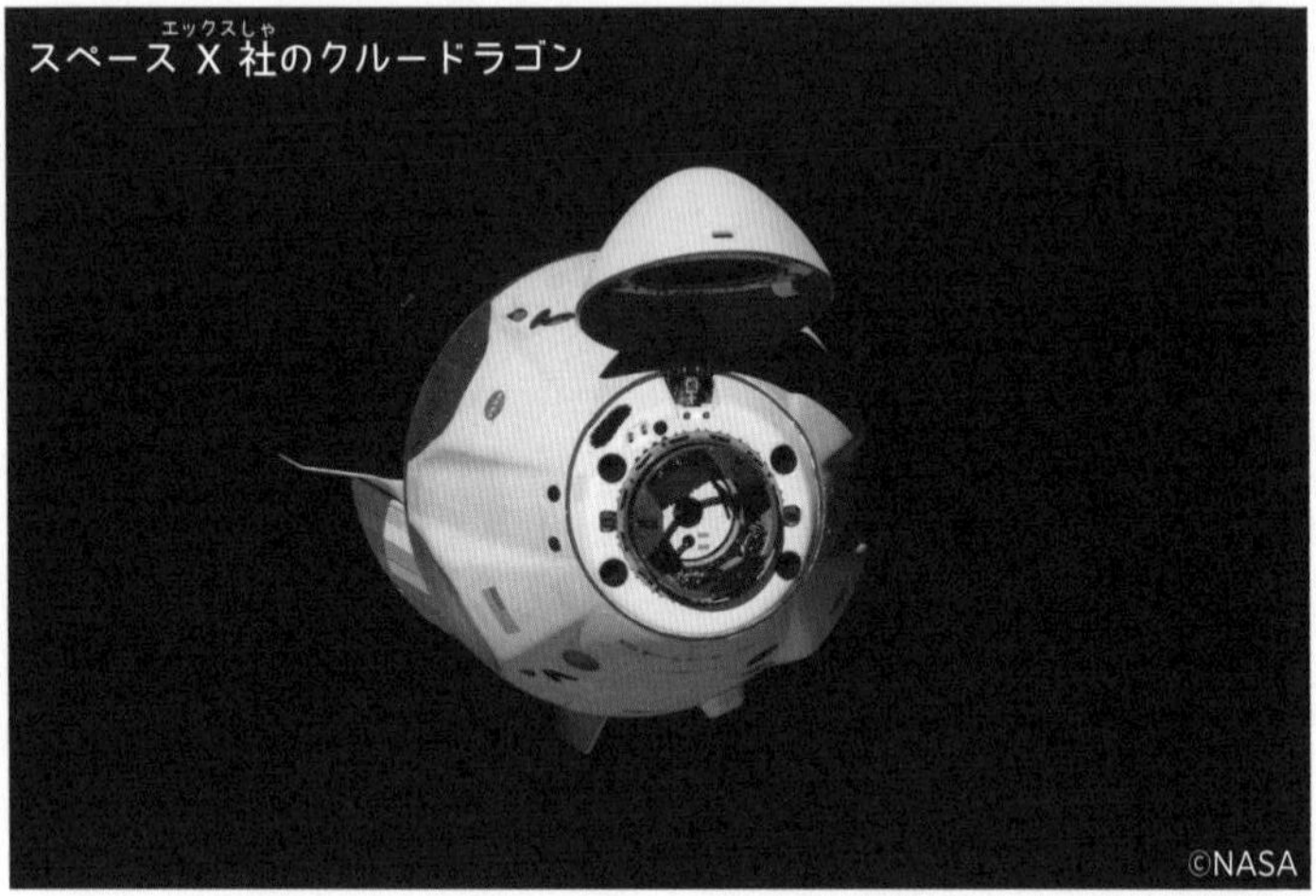
スペースX社《エックスしゃ》のクルードラゴン
©NASA

ロシアの有人宇宙船《ゆうじんうちゅうせん》『ソユーズ』や中国《ちゅうごく》の有人宇宙船《ゆうじんうちゅうせん》『神舟《しんしゅう》』は、宇宙飛行士《うちゅうひこうし》を乗《の》せた再突入《さいとつにゅう》カプセル以外《いがい》は宇宙《うちゅう》から帰還《きかん》するときに燃《も》え尽《つ》きてしまいますし、カプセルも再使用《さいしよう》できない使《つか》い捨《す》てになります。しかし私《わたし》の乗《の》ったスペースシャトルは、打《う》ち上《あ》げ時《じ》の外部燃料《がいぶねんりょう》タンクなど一部《いちぶ》の部品以外《ぶひんいがい》はメンテナンスして再使用《さいしよう》していましたし、2020年《ねん》に打《う》ち上《あ》げられたスペースX社《エックスしゃ》の『クルードラゴン』も、ロケットの第一段《だいいちだん》や宇宙船《うちゅうせん》カプセルなどを再使用《さいしよう》していく方向《ほうこう》です。将来的《しょうらいてき》に行《おこな》われる民間《みんかん》宇宙旅行《うちゅうりょこう》でも、再使用《さいしよう》ロケットが使《つか》われる予定《よてい》です。しかしスペースシャトルでは、帰《かえ》ってくるたびに耐熱《たいねつ》タイルを一枚一枚《いちまいいちまい》調《しら》べるなど、多額《たがく》のメンテナンス費用《ひよう》がかかっていました。そのためこれからの再使用《さいしよう》ロケット・宇宙船《うちゅうせん》では、メンテナンスのしやすさに注目《ちゅうもく》が集《あつ》まっています。

なぜ、『こうのとり』は引退《いんたい》するのですか

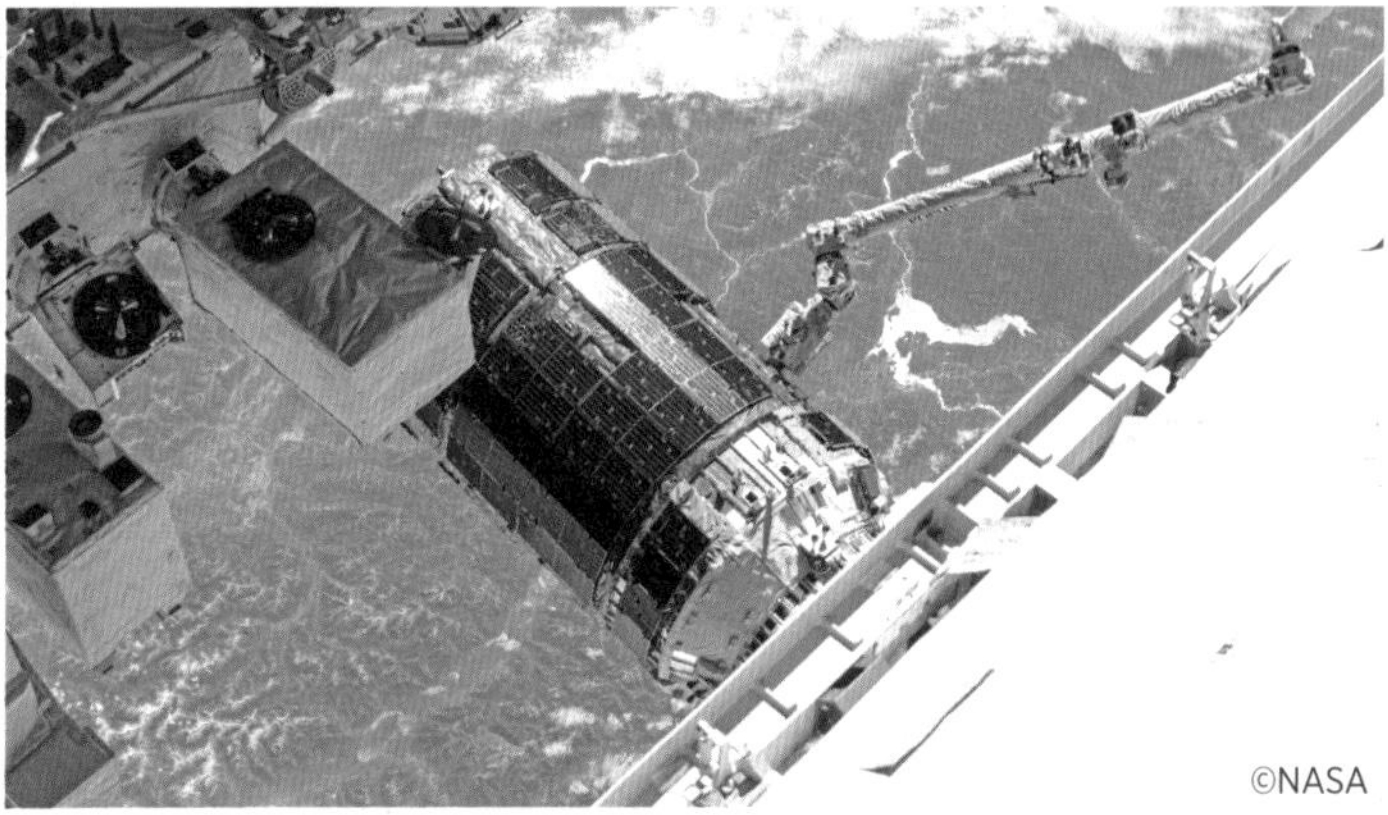

©NASA

無人補給船《むじんほきゅうせん》『こうのとり』は、２０２０年《ねん》5月《がつ》21日《にち》に種子島宇宙《たねがしまうちゅう》センターから打《う》ち上《あ》げられた9号機《ごうき》で最後《さいご》となりました。引退《いんたい》の理由《りゆう》は、『ＨＴＶ《エイチティブィ》－Ｘ《エックス》』と呼《よ》ばれるより高性能《こうせいのう》な無人補給船《むじんほきゅうせん》と交代《こうたい》するためです。ＨＴＶ《エイチティブィ》－Ｘ《エックス》は、こうのとりよりも1トン以上《いじょう》も多《おお》く荷物《にもつ》を運《はこ》ぶことができるだけでなく、いままでは打《う》ち上《あ》げ80時間前《じかんまえ》までに荷物《にもつ》を積《つ》み込《こ》まなければならなかったのが、24時間前《じかんまえ》までに積《つ》み込《こ》めばＯＫ《オーケー》になります。これにより、生鮮《せいせん》食料品《しょくりょうひん》や鮮度《せんど》が重要《じゅうよう》な実験《じっけん》サンプルの運搬《うんぱん》がより便利《べんり》になります。しかも推薬《すいやく》タンクや太陽電池《たいようでんち》パドルを大型化《おおがたか》することで、国際宇宙《こくさいうちゅう》ステーションに荷物《にもつ》を届《とど》けた後《あと》に小《ちい》さな衛星《えいせい》を放出《ほうしゅつ》するなど、最大《さいだい》1年半《ねんはん》もの間《あいだ》、さまざまな活動《かつどう》ができるように開発《かいはつ》されていますし、将来的《しょうらいてき》には月《つき》の周《まわ》りまで荷物《にもつ》を運《はこ》ぶことも期待《きたい》されています。

宇宙探査機《うちゅうたんさき》について教《おし》えて

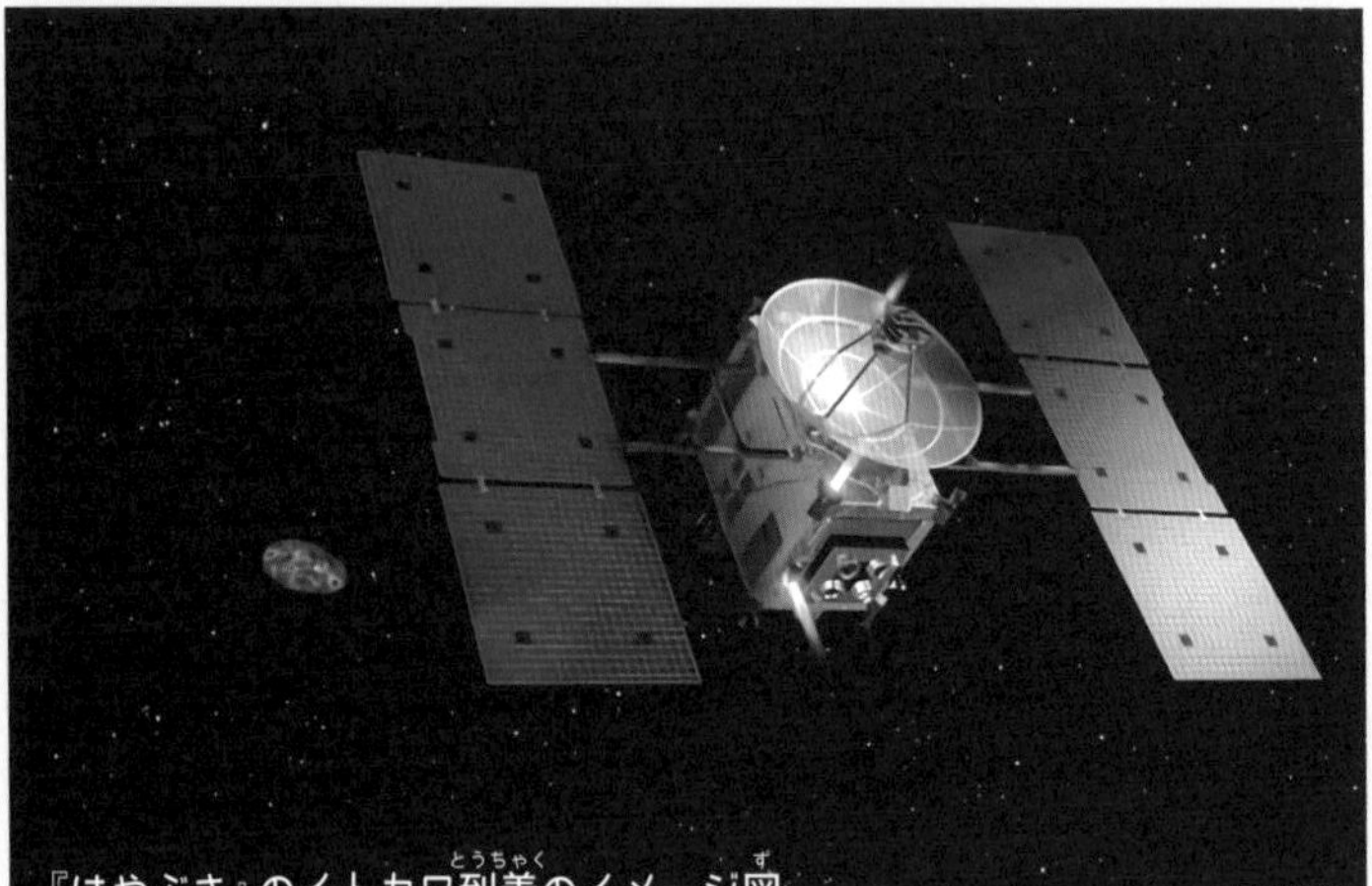

『はやぶさ』のイトカワ到着《とうちゃく》のイメージ図《ず》　©JAXA

宇宙探査機《うちゅうたんさき》は、地球以外《ちきゅういがい》の惑星《わくせい》などを調査《ちょうさ》するために打《う》ち上《あ》げられる宇宙機《うちゅうき》です。しかしそのほとんどは、宇宙《うちゅう》飛行士《ひこうし》が乗《の》っていない無人《むじん》の宇宙機《うちゅうき》になります。

２００３年《ねん》に打《う》ち上《あ》げられた小惑星探査機《しょうわくせいたんさき》『はやぶさ』が、２０１０年《ねん》６月《がつ》13日《にち》に小惑星《しょうわくせい》イトカワの表面物質《ひょうめんぶっしつ》の入《はい》ったカプセルを地球《ちきゅう》に持《も》ち帰《かえ》ったニュースは映画《えいが》にもなりました。その後《ご》、２０１４年《ねん》に小惑星探査機《しょうわくせいたんさき》『はやぶさ2』が打《う》ち上《あ》げられ、小惑星《しょうわくせい》『リュウグウ』に到着《とうちゃく》したのち、さまざまな観測《かんそく》やタッチダウンに成功《せいこう》し、２０２０年《ねん》12月《がつ》６日《か》に地球《ちきゅう》に戻《もど》ってくる予定《よてい》です。

この他《ほか》にも、２０２０年《ねん》７月《がつ》には、アメリカ、中国《ちゅうごく》、アラブ首長国連邦《しゅちょうこくれんぽう》（ＵＡＥ《ユーエイイー》）の３つの国で火星探査機《かせいたんさき》を打《う》ち上《あ》げました。ちなみにＵＡＥ《ユーエイイー》の火星探査機《かせいたんさき》は、種子島宇宙《たねがしまうちゅう》センターから火星《かせい》に飛《と》び立《た》ちました。

一番遠《いちばんとお》くまで行《い》った探査機《たんさき》は宇宙《うちゅう》のどこまで行《い》ったの？

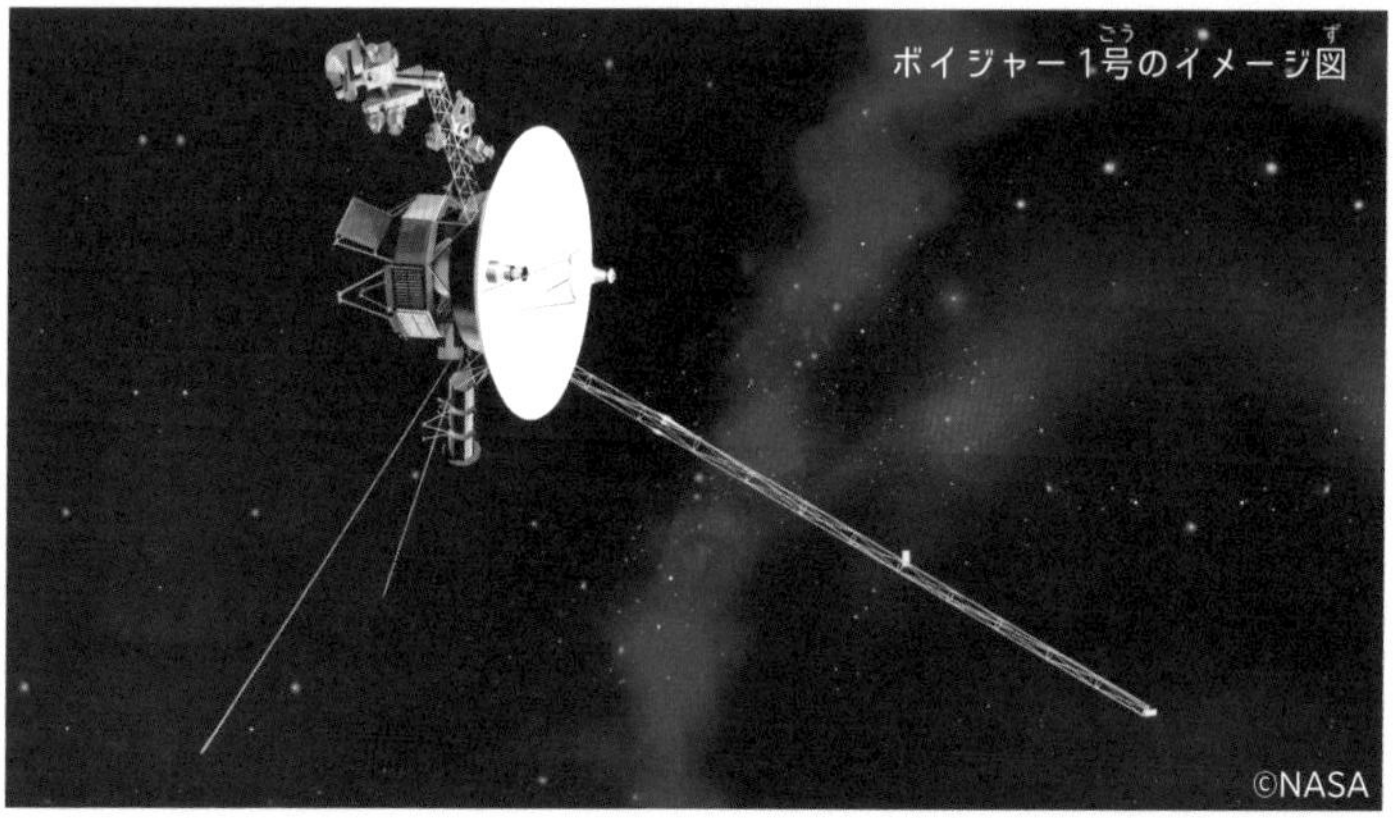

ボイジャー1号《ごう》のイメージ図《ず》

©NASA

地球《ちきゅう》からもっとも遠《とお》くを旅《たび》している探査機《たんさき》は、１９７７年《ねん》９月《がつ》５日《か》にＮＡＳＡ《ナサ》が打《う》ち上《あ》げた『ボイジャー１号《ごう》』です。打《う》ち上《あ》げから43年《ねん》たった現在《げんざい》でも、いまだに遠《とお》くへ向《む》かっており、２０２０年《ねん》９月時点《がつじてん》で、地球《ちきゅう》から２２５億《おく》km以上離《いじょうはな》れた場所《ばしょ》を飛行《ひこう》しています。海王星《かいおうせい》と地球《ちきゅう》との距離《きょり》がだいたい46億《おく》kmですから、それよりもずっと先《さき》の恒星間空間《こうせいかんくうかん》と呼《よ》ばれる場所《ばしょ》にいるのです。この距離《きょり》は、光《ひかり》の速《はや》さでも地球《ちきゅう》から18時間以上《じかんいじょう》かかります。

ただ「一番遠《いちばんとお》くの惑星《わくせい》を観測《かんそく》した探査機《たんさき》」は『ボイジャー２号《ごう》』になります。ボイジャー２号《ごう》は、ボイジャー１号《ごう》が寄《よ》らずに通《とお》り過《す》ぎた天王星《てんのうせい》や海王星《かいおうせい》の観測《かんそく》を行《おこな》っているのです。ちなみに、海王星《かいおうせい》の外側《そとがわ》にある冥王星《めいおうせい》は、いまでは準惑星《じゅんわくせい》に区分《くぶん》されていますが、２００６年《ねん》にＮＡＳＡ《ナサ》の探査機《たんさき》『ニュー・ホライズンズ』が観測《かんそく》をしています。

宇宙探査《うちゅうたんさ》は無人《むじん》が多《おお》いのはなぜ？

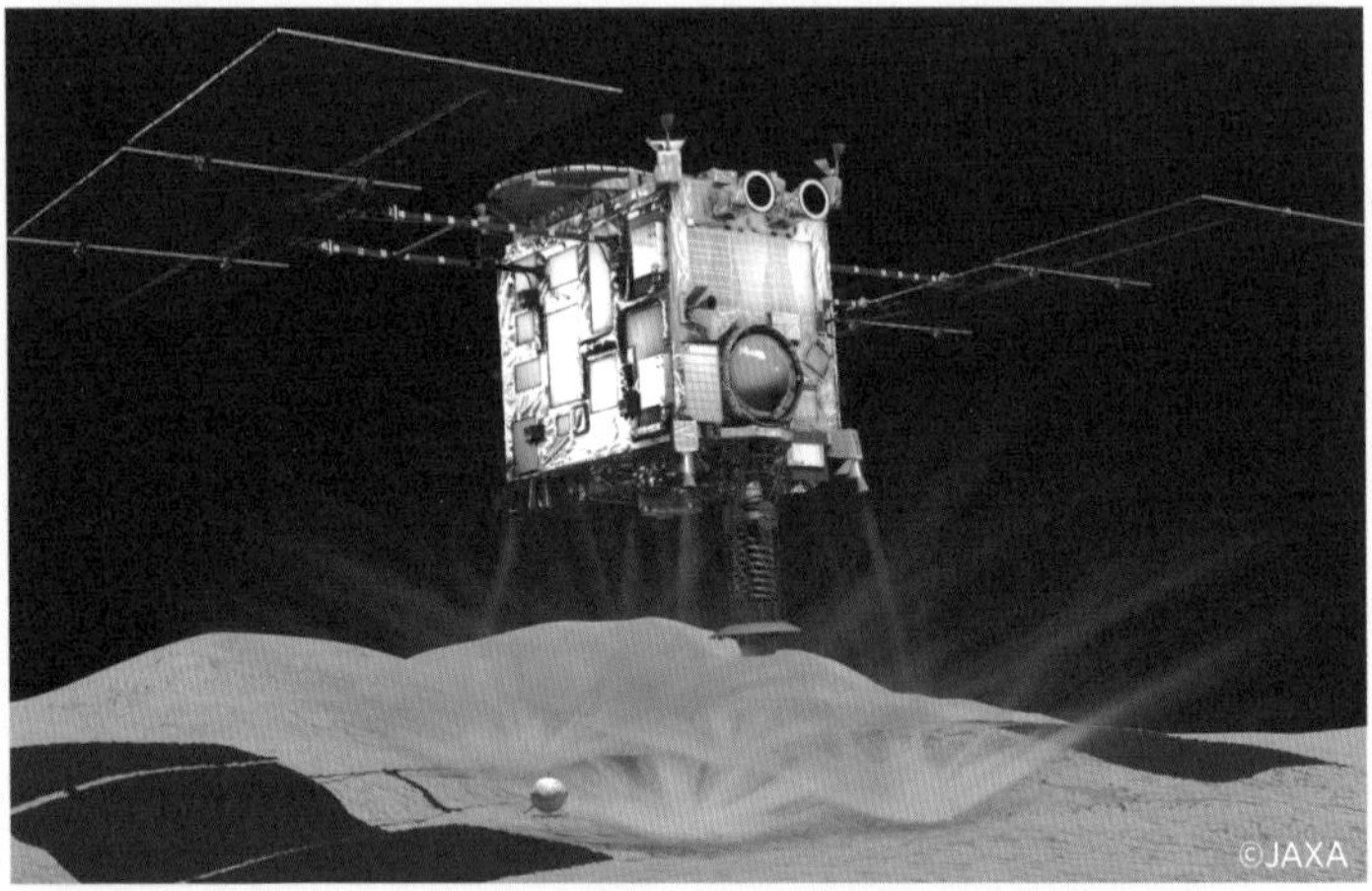

小惑星《しょうわくせい》リュウグウにタッチダウンを行《おこな》う『はやぶさ２』のイメージ図《ず》

それはずばり、危険《きけん》だからです。宇宙探査《うちゅうたんさ》は、月《つき》や遠《とお》くの未知《みち》の天体《てんたい》まで行《い》くわけですから、安全《あんぜん》のためにも、まずは無人探査機《むじんたんさき》で経験《けいけん》を積《つ》んでからということになります。

最初《さいしょ》の活動《かつどう》が「フライバイ」です。これは目的《もくてき》の天体《てんたい》のすぐそばを探査機《たんさき》が通《とお》り過《す》ぎながら写真《しゃしん》を撮《と》ったり、観測《かんそく》したりすることです。一番簡単《いちばんかんたん》な宇宙探査《うちゅうたんさ》になります。

次《つぎ》が「周回探査《しゅうかいたんさ》」です。探査機《たんさき》が目的《もくてき》の天体《てんたい》の周《まわ》りをくるくる回《まわ》りながら観測《かんそく》します。星《ほし》の周《まわ》りをくるくる周《まわ》るルートのことを軌道《きどう》といい、タイミングや速度《そくど》を少《すこ》しでも間違《まちが》えると、軌道《きどう》を正《ただ》しく飛行《ひこう》できなくなります。

そして、その次《つぎ》の段階《だんかい》が「着陸探査《ちゃくりくたんさ》」になります。探査機《たんさき》が天体《てんたい》の表面《ひょうめん》に着陸《ちゃくりく》し、ローバーと呼《よ》ばれる探査車《たんさしゃ》を走《はし》らせたり、写真《しゃしん》を撮《と》ったりして調査《ちょうさ》します。難《むずか》しいポイントは、探査機《たんさき》が壊《こわ》れないように着陸《ちゃくりく》することで、クッ

トヨタとJAXAが共同研究《きょうどうけんきゅう》を進《すす》めている有人与圧《ゆうじんよあつ》ローバ『ルナ・クルーザー』のイメージ図《ず》

ションやパラシュートが必要《ひつよう》になります。

その次《つぎ》が、「サンプルリターン」です。探査機《たんさき》が目的《もくてき》の天体《てんたい》に着陸《ちゃくりく》するだけでなく、岩《いわ》や砂《すな》を収集《しゅうしゅう》し、それらを地球《ちきゅう》まで持《も》ち帰《かえ》ります。地球《ちきゅう》に着陸《ちゃくりく》するときは、『はやぶさ』のように、サンプル以外《いがい》の部分《ぶぶん》は燃《も》え尽《つ》きてしまうケースが多《おお》くなります。サンプルリターンで難《むずか》しいのは地球《ちきゅう》に帰《かえ》ることです。着陸《ちゃくりく》した天体《てんたい》の重力《じゅうりょく》から脱出《だっしゅつ》したり、地球《ちきゅう》まで飛行《ひこう》したりするための燃料《ねんりょう》も考《かんが》えて設計《せっけい》しなければならないからです。

ここまではすべて無人《むじん》の探査機《たんさき》で、通常《つうじょう》はこれらが成功《せいこう》してから「有人探査《ゆうじんたんさ》」となり、実際《じっさい》に人間《にんげん》が目的《もくてき》の星《ほし》に行《い》って調査《ちょうさ》をします。無人探査《むじんたんさ》と違《ちが》い、空気《くうき》や水《みず》、食料《しょくりょう》が必要《ひつよう》となり、宇宙飛行士《うちゅうひこうし》を安全《あんぜん》に地球《ちきゅう》まで帰《かえ》すことが必須《ひっす》になるため非常《ひじょう》に難《むずか》しく、またお金《かね》もかかるようになります。

木星《もくせい》に探査機《たんさき》は行《い》ったの？

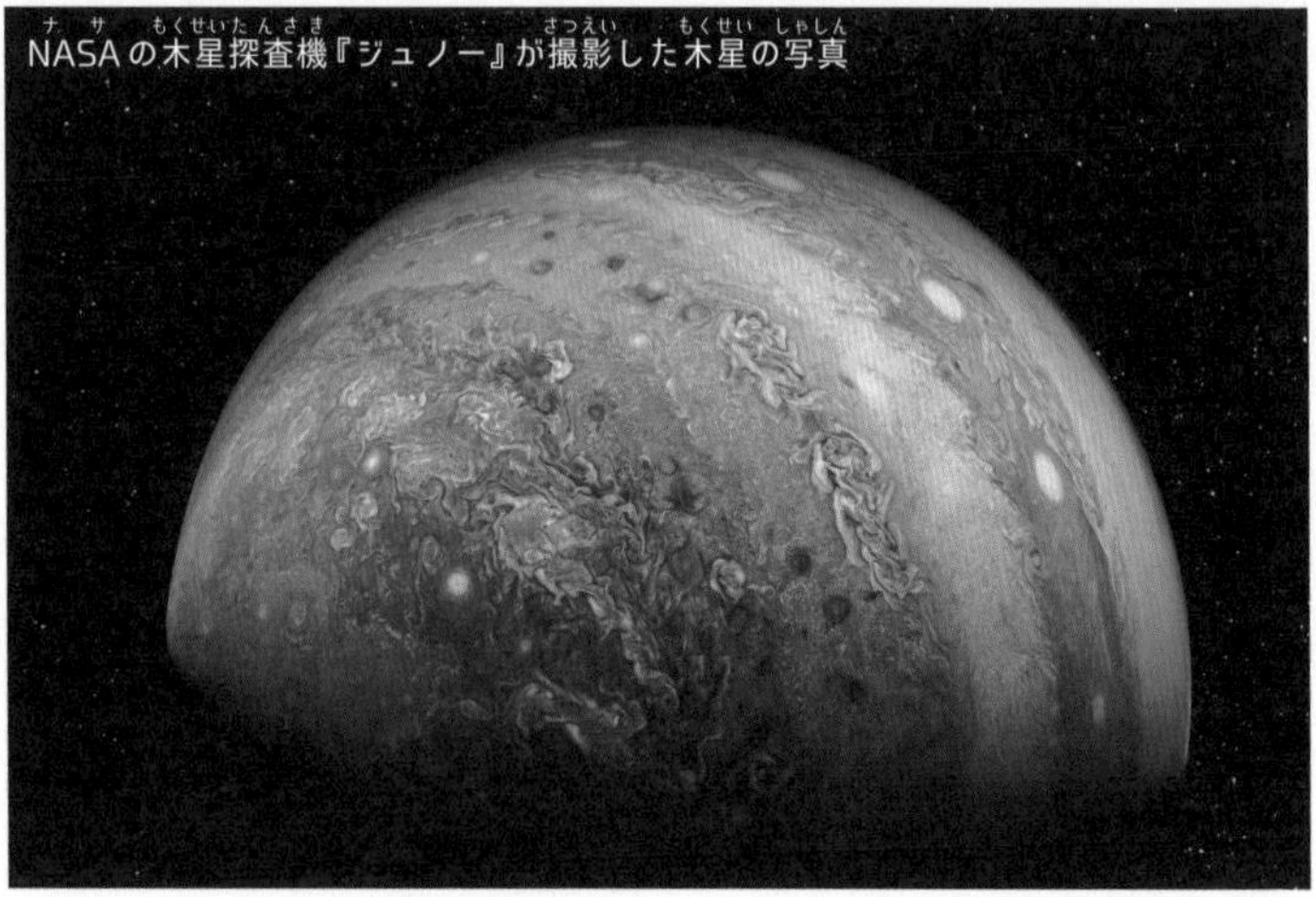

NASA《ナサ》の木星探査機《もくせいたんさき》『ジュノー』が撮影《さつえい》した木星《もくせい》の写真《しゃしん》

木星探査《もくせいたんさ》を行《おこな》った最初《さいしょ》の探査機《たんさき》は、１９７３年《ねん》に木星《もくせい》を通過《つうか》したＮＡＳＡ《ナサ》の探査機《たんさき》『パイオニア10号《ごう》』です。その後《ご》、『ボイジャー』や『ガリレオ』といった探査機《たんさき》が木星《もくせい》を観測《かんそく》しています。２０２０年現在《ねんげんざい》では、ＮＡＳＡ《ナサ》の探査機《たんさき》『ジュノー』が木星《もくせい》で活動《かつどう》しています。ただこの探査機《たんさき》、２０２１年《ねん》には木星《もくせい》の大気《たいき》に突入《とつにゅう》して燃《も》え尽《つ》きてしまうため、その後《ご》の調査《ちょうさ》は、２０２５年《ねん》に打《う》ち上《あ》げる探査機《たんさき》『エウロパ・クリッパー』などが引《ひ》き継《つ》ぐ予定《よてい》です。エウロパという名前《なまえ》は、木星《もくせい》の衛星《えいせい》のひとつから名《な》づけられました。これまでの観測《かんそく》から、エウロパの表面《ひょうめん》の氷《こおり》の下《した》には海《うみ》がある可能性《かのうせい》が高《たか》いといわれています。また、２０２２年《ねん》にヨーロッパが中心《ちゅうしん》となって打《う》ち上《あ》げる『ＪＵＩＣＥ《ジュース》』も、エウロパ、カリスト、ガニメデなど木星《もくせい》の衛星《えいせい》を主《おも》に目指《めざ》します。この計画《けいかく》には、日本《にほん》のＪＡＸＡ《ジャクサ》も参加予定《さんかよてい》です。

水星《すいせい》に探査機《たんさき》は行《い》ったの？

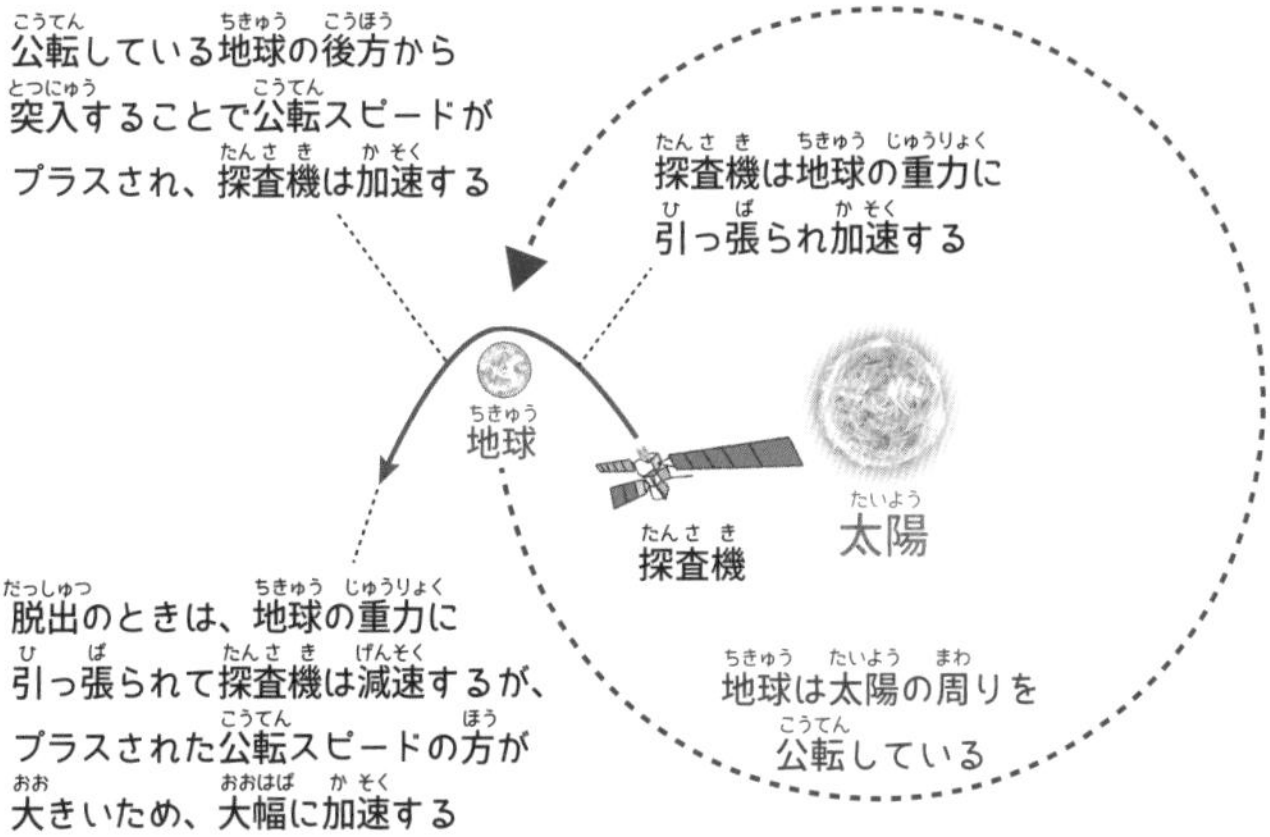

『ベピ・コロンボ』は、2020年《ねん》4月《がつ》10日《ひ》に最初《さいしょ》となる地球《ちきゅう》でのスイングバイに成功《せいこう》し、2025年《ねん》12月《がつ》に水星《すいせい》に到着予定《とうちゃくよてい》

水星《すいせい》に到着《とうちゃく》した探査機《たんさき》は、『マリナー10号《ごう》』と『メッセンジャー』の2機《き》です。現在《げんざい》、日本《にほん》とヨーロッパの共同《きょうどう》プロジェクト「ベピ・コロンボ」による2機《き》の探査機《たんさき》が水星《すいせい》に向《む》かっています。JAXA《ジャクサ》が担当《たんとう》した、磁場《じば》や大気《たいき》などを調《しら》べる探査機《たんさき》『MMO《みお》』と、ヨーロッパが担当《たんとう》した、地形《ちけい》や重力《じゅうりょく》などを調《しら》べる探査機《たんさき》『MPO《エムピーオー》』です。水星《すいせい》は太陽《たいよう》に近《ちか》く、昼《ひる》と夜《よる》の温度差《おんどさ》が600℃もある過酷《かこく》な環境《かんきょう》の惑星《わくせい》です。しかも重力《じゅうりょく》が比較的《ひかくてき》小《ちい》さいため、太陽《たいよう》の重力《じゅうりょく》に引《ひ》っぱられて探査機《たんさき》が水星《すいせい》を通《とお》り過《す》ぎないように減速《げんそく》する必要《ひつよう》があり、これに膨大《ぼうだい》なエネルギーを使《つか》います。「ベピ・コロンボ」ではエネルギーを節約《せつやく》するため、惑星《わくせい》の重力《じゅうりょく》を利用《りよう》して方向《ほうこう》や速度《そくど》を変《か》えるスイングバイを、地球《ちきゅう》で1回《かい》、金星《きんせい》で2回《かい》、水星《すいせい》で6回《かい》行《おこな》い、この課題《かだい》を乗《の》り超《こ》えます。合計《ごうけい》9回《かい》のスイングバイは、世界初《せかいはつ》になります。

火星探査《かせいたんさ》の意外《いがい》な失敗《しっぱい》は何《なん》ですか

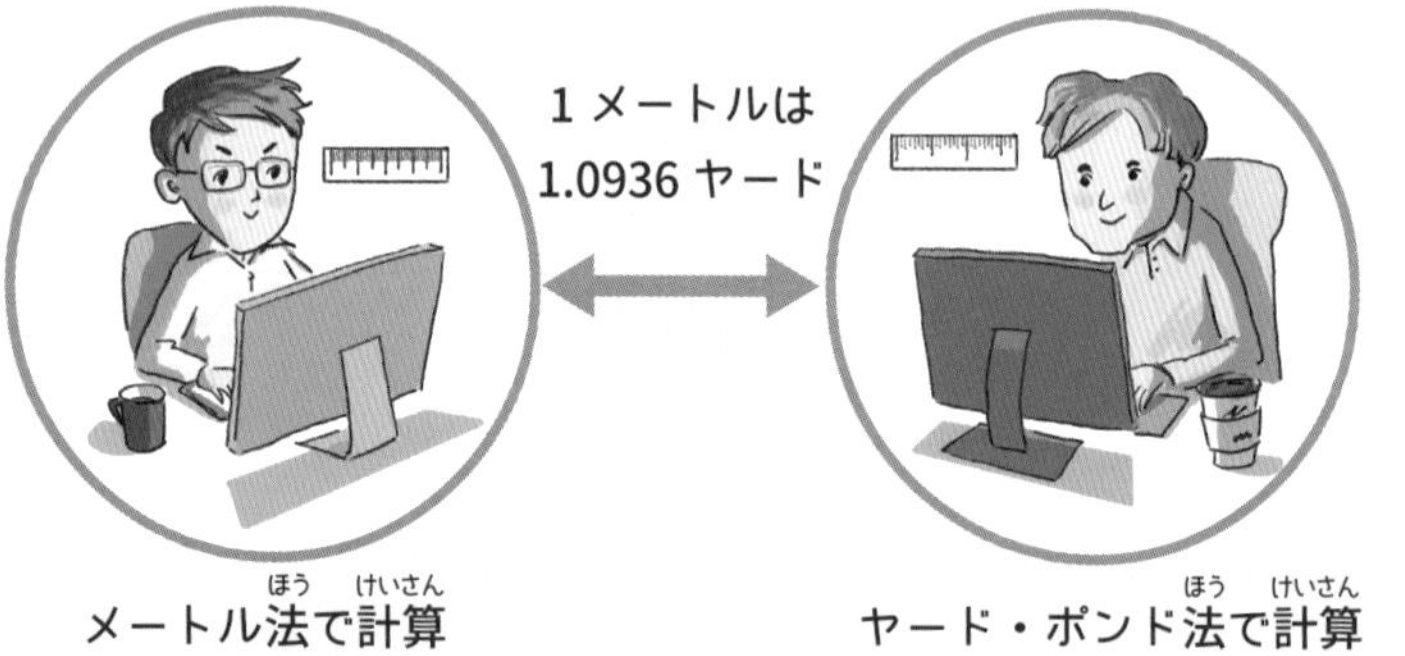

１９９８年《ねん》に打《う》ち上《あ》げられた火星探査機《かせいたんさき》『マーズ・クライメイト・オービター』は、火星《かせい》に近《ちか》づきすぎて壊《こわ》れるという悲《かな》しい結果《けっか》を迎《むか》えています。

実《じつ》はこの事故《じこ》、探査機《たんさき》を作《つく》ったエンジニア同士《どうし》の勘違《かんちが》いが原因《げんいん》でした。日本《にほん》やフランスで長《なが》さなどの単位《たんい》として使《つか》われているメートル法《ほう》と、アメリカで使《つか》われている単位《たんい》のヤード・ポンド法《ほう》を間違《まちが》えたまま計算《けいさん》してしまい、そのまま探査機《たんさき》を火星《かせい》に向《む》けて打《う》ち上《あ》げてしまったのです。本当《ほんとう》は、火星《かせい》までの約《やく》６・６億《おく》kmを９カ月《げつ》かけて飛行《ひこう》し、火星《かせい》の表面《ひょうめん》から１５０km離《はな》れた位置《いち》を周回《しゅうかい》する予定《よてい》でしたが、計算《けいさん》を間違《まちが》えていたため、火星表面《かせいひょうめん》の約《やく》60kmまで近《ちか》づいてしまい、予定以上《よていいじょう》の大気《たいき》の影響《えいきょう》を受《う》けて壊《こわ》れてしまったのです。この事故《じこ》での被害金額《ひがいきんがく》は、探査機《たんさき》本体《ほんたい》の費用《ひよう》も含《ふく》めると約《やく》２５０億円《おくえん》だったそうです。

日本の火星探査計画《かせいたんさけいかく》について教《おし》えてください

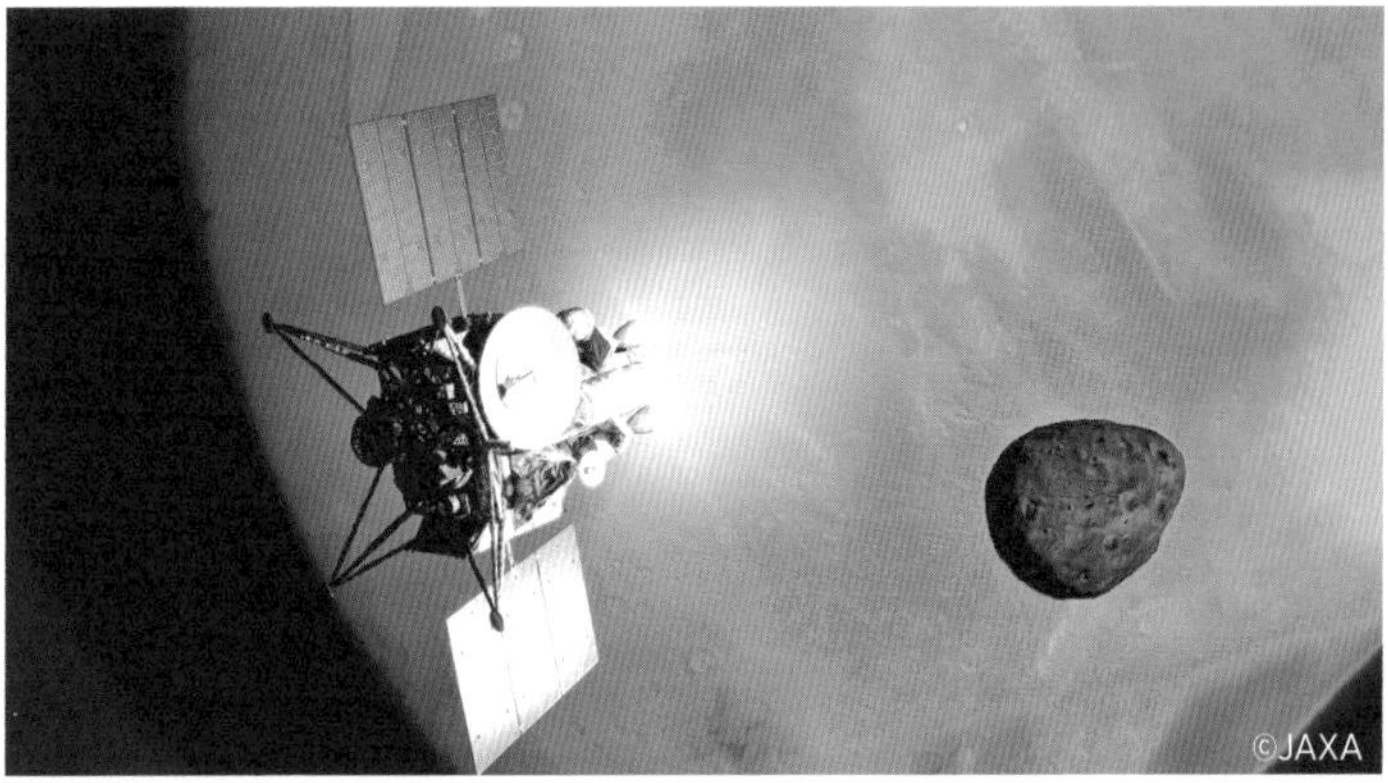

MMX探査機《たんさき》のイメージ図《ず》

現在《げんざい》、日本《にほん》が中心《ちゅうしん》となって進《すす》めている火星衛星探査計画《かせいえいせいたんさけいかく》は、『MMX《エムエムエックス》』です。2024年《ねん》に打《う》ち上《あ》げられ、2025年《ねん》に火星周回《かせいしゅうかい》の軌道《きどう》に投入《とうにゅう》、2029年《ねん》に地球《ちきゅう》に帰還《きかん》する予定《よてい》です。目的《もくてき》は、種子島《たねがしま》から打《う》ち上《あ》げた探査機《たんさき》を火星《かせい》の衛星《えいせい》であるフォボスに着陸《ちゃくりく》させ、サンプルを持《も》ち帰《かえ》ること。火星圏《かせいけん》からのサンプルリターンは世界初《せかいはつ》になります。持《も》ち帰《かえ》るサンプルは、「火星《かせい》の衛星《えいせい》がどのようにできたのか」「太陽《たいよう》に比較的近《ひかくてきちか》い惑星《わくせい》で、本来《ほんらい》であればカラカラに乾《かわ》いたであろう地球《ちきゅう》や火星《かせい》に水《みず》がなぜもたらされたのか」を解明《かいめい》する重要《じゅうよう》な手《て》がかりになると期待《きたい》されています。MMX《エムエムエックス》は、すぐ近《ちか》くに重力《じゅうりょく》の大《おお》きな火星《かせい》があるため、火星《かせい》に引《ひ》き寄《よ》せられないように、『はやぶさ』や『はやぶさ2』と比《くら》べ、よりパワーのあるエンジンが必要《ひつよう》になります。また、MMX《エムエムエックス》では数回《すうかい》の着陸《ちゃくりく》を予定《よてい》しています。

金星探査機《きんせいたんさき》「あかつき」は軌道《きどう》投入《とうにゅう》に失敗《しっぱい》した後《あと》どうなった？

金星探査機《きんせいたんさき》『あかつき』

金星探査機《きんせいたんさき》『あかつき』は、私《わたし》がディスカバリー号《ごう》で国際《こくさい》宇宙《うちゅう》ステーションに向《む》かった約《やく》1カ月後《げつご》の2010年《ねん》5月《がつ》に種子島宇宙《たねがしまうちゅう》センターからH《エッチ》-ⅡA《ツーエー》ロケット17号機《ごうき》で打《う》ち上《あ》げられた探査機《たんさき》です。

2010年《ねん》12月《がつ》に金星《きんせい》の軌道《きどう》に投入《とうにゅう》される予定《よてい》でしたが、メインエンジンのトラブルにより失敗《しっぱい》してしまいました。しかし、軌道投入《きどうとうにゅう》に失敗《しっぱい》した後《あと》も『あかつき』の機体自体《きたいじたい》は無事《ぶじ》だったため、金星《きんせい》の近《ちか》くを飛《と》び続《つづ》けてじっとチャンスを待《ま》っていました。

そして4年後《ねんご》、姿勢制御《しせいせいぎょ》のための小《ちい》さなエンジンを使《つか》って金星《きんせい》の軌道突入《きどうとつにゅう》に再《さい》チャレンジし、見事《みごと》に成功《せいこう》したのです。その後《ご》、『あかつき』は多《おお》くの観測《かんそく》を行《おこな》い、金星《きんせい》で「スーパーローテーション」と呼《よ》ばれる地球《ちきゅう》では考《かんが》えられないほどの強風《きょうふう》が吹《ふ》いている仕組《しく》みを解明《かいめい》しました。

人工衛星《じんこうえいせい》って何《なん》ですか

日本初《にほんはつ》の人工衛星《じんこうえいせい》『おおすみ』の打《う》ち上《あ》げ成功《せいこう》を祝《いわ》う鹿児島県内之浦町《かごしまけんうちのうらちょう》の市民《しみん》の様子《ようす》

いろいろな目的《もくてき》のために宇宙《うちゅう》に打《う》ち上《あ》げられ、地球《ちきゅう》の周《まわ》りを回《まわ》っているのが人工衛星《じんこうえいせい》です。人工衛星《じんこうえいせい》は、宇宙《うちゅう》から撮影《さつえい》した写真《しゃしん》やいろいろな情報《じょうほう》を衛星《えいせい》データとして地球《ちきゅう》に送《おく》ることで、みなさんの生活《せいかつ》に役立《やくだ》っているのです。

日本初《にほんはつ》の人工衛星《じんこうえいせい》は、１９７０年《ねん》に打《う》ち上《あ》げられた『おおすみ』になります。その後《ご》、１９７７年《ねん》には天気《てんき》を予報《よほう》するために宇宙《うちゅう》から雲《くも》の動《うご》きなどを観測《かんそく》する気象衛星《きしょうえいせい》『ひまわり』が打《う》ち上《あ》げられ、現在《げんざい》は9号機《ごうき》まで打《う》ち上《あ》げられています。

また、２０１０年《ねん》には測位衛星《そくいえいせい》『みちびき』初号機《しょごうき》を打《う》ち上《あ》げ、車《くるま》やスマートフォンの道案内《みちあんない》に役立《やくだ》てています。

この他《ほか》にも日本《にほん》は、月《つき》の周《まわ》りを回《まわ》る月周回衛星《つきしゅうかいえいせい》『かぐや』を打《う》ち上《あ》げることで月面《げつめん》の調査《ちょうさ》を行《おこな》い、直径約《ちょっけいやく》50ｍの縦穴《たてあな》を発見《はっけん》しました。

人工衛星《じんこうえいせい》に寿命《じゅみょう》はあるの？

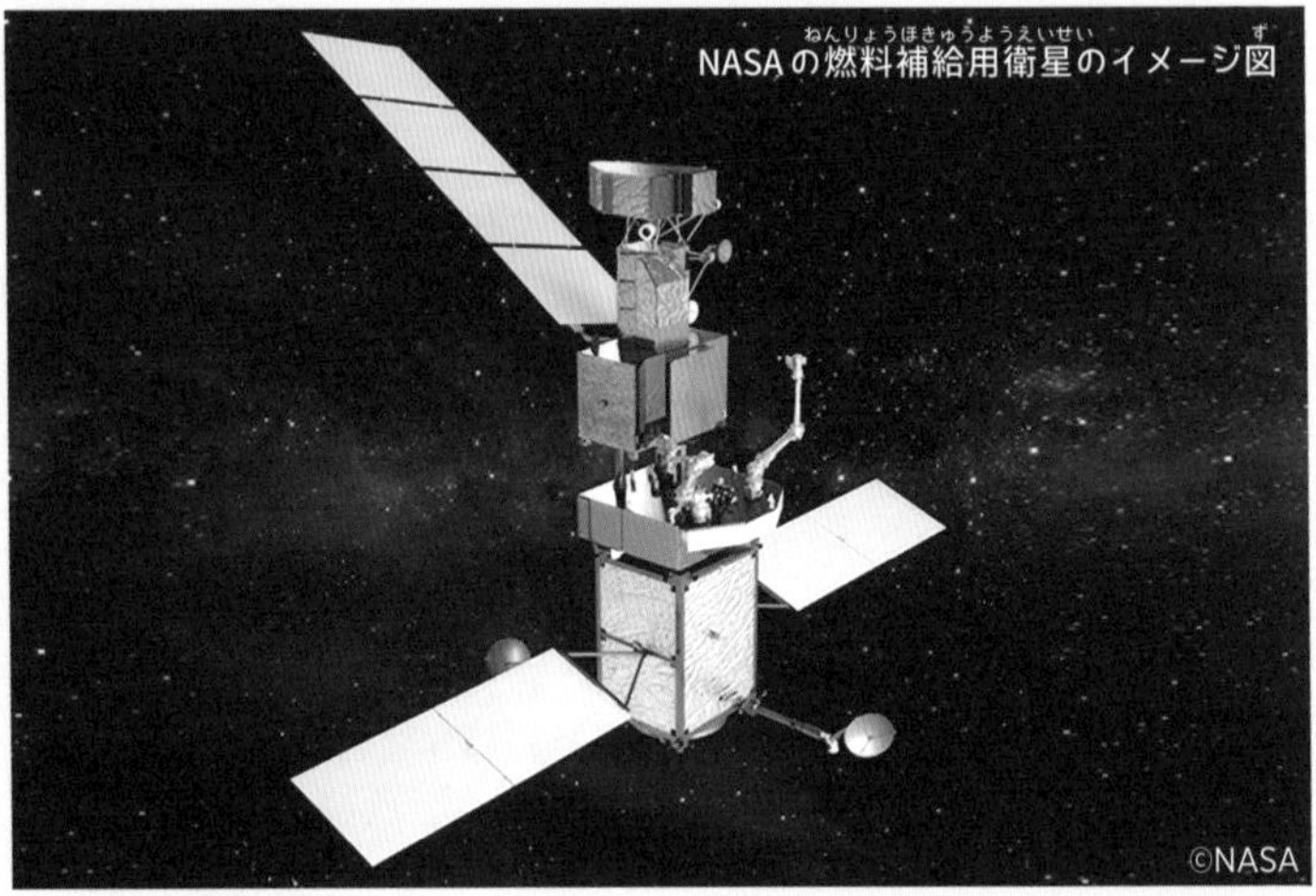

NASAの燃料補給用衛星《ねんりょうほきゅうようえいせい》のイメージ図《ず》

©NASA

人工衛星《じんこうえいせい》は、燃料《ねんりょう》がなくなると寿命《じゅみょう》を迎《むか》えます。地球《ちきゅう》に近《ちか》いところを飛《と》ぶ人工衛星《じんこうえいせい》は、うっすらと残《のこ》る大気《たいき》にぶつかることで高《たか》さが低《ひく》くなるため、位置《いち》を修正《しゅうせい》するために遠《とお》いところを飛《と》ぶ人工衛星《じんこうえいせい》よりも多《おお》くの燃料《ねんりょう》を使《つか》います。そのため寿命《じゅみょう》は短《みじか》くなります。また、打《う》ち上《あ》げのトラブルで予定《よてい》の位置《いち》に投入《とうにゅう》できなかった人工衛星《じんこうえいせい》は、正《ただ》しい位置《いち》まで移動《いどう》させるため寿命《じゅみょう》は短《みじか》くなります。では、燃料《ねんりょう》をたくさん積《つ》めばいいのかというと、機体《きたい》が重《おも》くなり打《う》ち上《あ》げが大変《たいへん》になってしまいますし、人工衛星《じんこうえいせい》のバッテリーや太陽《たいよう》電池《でんち》パネルなどにも寿命《じゅみょう》があるため単純《たんじゅん》にはいきません。種類《しゅるい》も大《おお》きさも違《ちが》うため一概《いちがい》には言《い》えませんが、最近《さいきん》は15年《ねん》も運用《うんよう》できる人工衛星《じんこうえいせい》もあるようです。しかも燃料《ねんりょう》を補給《ほきゅう》する「宇宙《うちゅう》のガソリンスタンド衛星《えいせい》」の実験《じっけん》も進《すす》んでおり、実用化《じつようか》されれば寿命《じゅみょう》が長《なが》くなるかもしれません。

使《つか》えなくなった人工衛星《じんこうえいせい》はどうなるの？

宇宙《うちゅう》のゴミも処分《しょぶん》

寿命《じゅみょう》で使《つか》えなくなった人工衛星《じんこうえいせい》をそのままにしておくと、どんどん宇宙《うちゅう》が混《こ》み合《あ》ってきて、新《あたら》しい人工衛星《じんこうえいせい》が使《つか》えなくなったり、人工衛星同士《じんこうえいせいどうし》がぶつかって事故《じこ》を起《お》こしたりしてしまいます。そのため、国連《こくれん》でもスペースデブリ低減《ていげん》ガイドラインを定《さだ》め、使《つか》い終《お》わった人工衛星《じんこうえいせい》を主《おも》に次《つぎ》の2つの方法《ほうほう》で処分《しょぶん》しています。ひとつは、使《つか》い終《お》わった人工衛星《じんこうえいせい》を、一般的《いっぱんてき》な人工衛星《じんこうえいせい》が飛《と》ぶ位置《いち》より高《たか》い軌道《きどう》まで移動《いどう》させる方法《ほうほう》です。この軌道《きどう》は墓場《はかば》軌道《きどう》と呼《よ》ばれています。もうひとつが、地球《ちきゅう》の大気圏《たいきけん》に突入《とつにゅう》させる方法《ほうほう》です。大気圏《たいきけん》に突入《とつにゅう》した人工衛星《じんこうえいせい》は、燃《も》えて流《なが》れ星《ぼし》になります。しかし、大《おお》きなものなどは燃《も》え尽《つ》きずに地上《ちじょう》に落下《らっか》する場合《ばあい》があるため、南太平洋《みなみたいへいよう》の島《しま》の無《な》い位置《いち》に落《お》とすように決《き》められています。昔《むかし》の宇宙《うちゅう》ステーション『ミール』もこの位置《いち》に落《お》とされました。

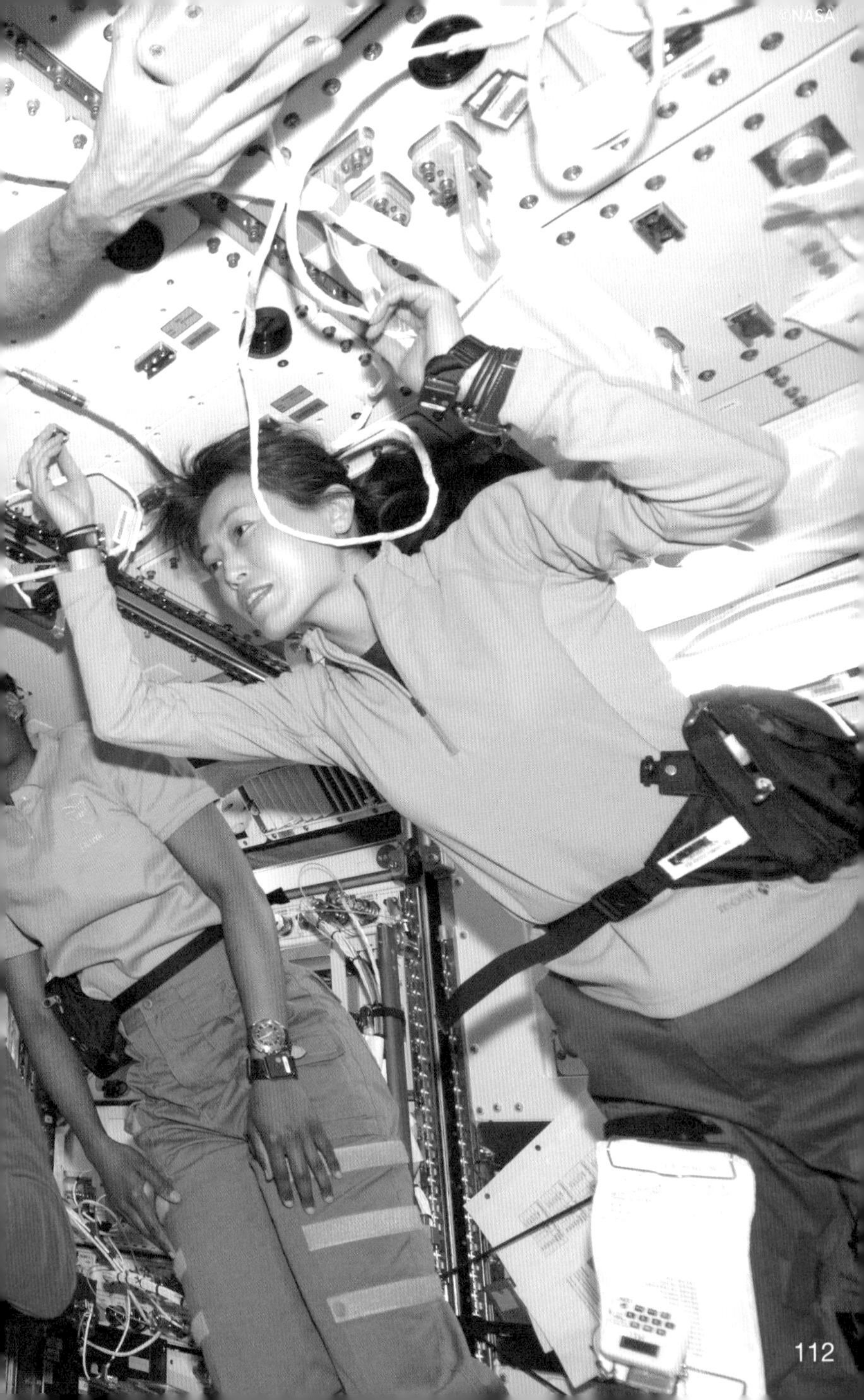
©NASA

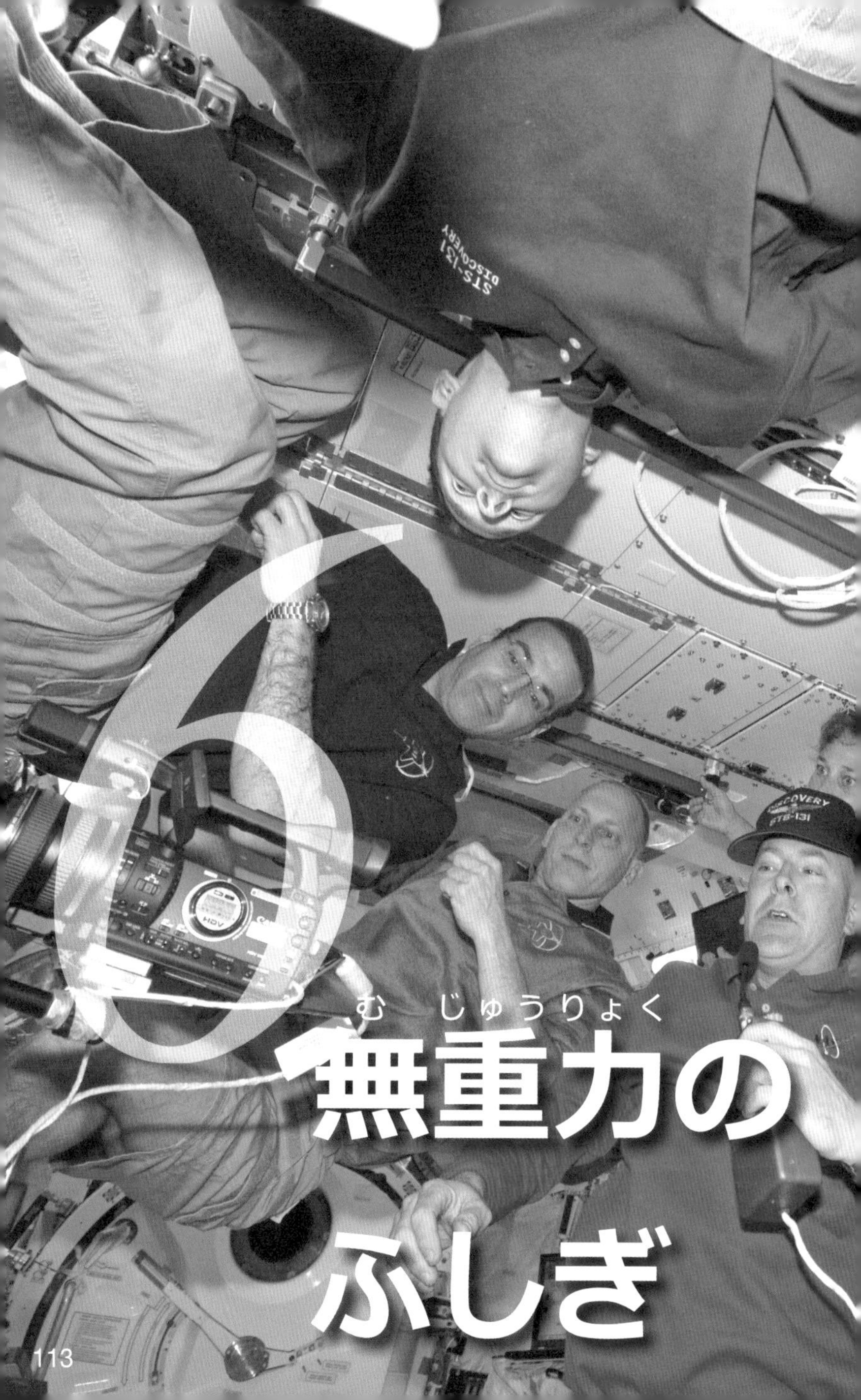

6 無《む》重《じゅう》力《りょく》のふしぎ

無重力《むじゅうりょく》で具合《ぐあい》が悪《わる》くなりますか

打《う》ち上《あ》げ前《まえ》の活動《かつどう》の一環《いっかん》として、前庭系《ぜんていけい》テストで回転椅子《かいてんいす》に乗《の》って回《まわ》されている宇宙《うちゅう》飛行士《ひこうし》の様子《ようす》

宇宙飛行士《うちゅうひこうし》が10人《にん》いたら、6人《にん》くらいは宇宙船《うちゅうせん》や国際《こくさい》宇宙《うちゅう》ステーションで気分《きぶん》が悪《わる》くなります。吐《は》いてしまう人《ひと》もいるほどです。車《くるま》酔《よ》いと同《おな》じですが、不思議《ふしぎ》なことに車《くるま》に酔《よ》う人《ひと》が宇宙船《うちゅうせん》でも酔《よ》うとは限《かぎ》りません。私《わたし》は子《こ》どものときは乗《の》り物《もの》酔《よ》いがひどかったのですが、宇宙《うちゅう》では全然《ぜんぜん》酔《よ》いませんでした。しかし宇宙《うちゅう》酔《よ》いをしても、1日《にち》か2日《か》で慣《な》れて大丈夫《だいじょうぶ》になります。

昔《むかし》は、宇宙《うちゅう》酔《よ》いにならないように、回転椅子《かいてんいす》に乗《の》ってぐるぐる回《まわ》されるという訓練《くんれん》がありました。この訓練《くんれん》は有名《ゆうめい》だったので、今《いま》でも宇宙飛行士《うちゅうひこうし》がこの訓練《くんれん》をしていると思《おも》っているかもしれませんが、実《じつ》はいまでは研究《けんきゅう》のみで訓練《くんれん》は行《おこな》われていません。訓練《くんれん》で強《つよ》かった人《ひと》が宇宙《うちゅう》酔《よ》いをしたり、逆《ぎゃく》に訓練《くんれん》で弱《よわ》かった人《ひと》が宇宙《うちゅう》酔《よ》いをしなかったりと、関係《かんけい》ないことがわかってきたからです。

無重力《むじゅうりょく》でも地球《ちきゅう》と同《おな》じように運動《うんどう》はできますか

無重力《むじゅうりょく》では、朝起《あさお》きてラジオ体操《たいそう》をやりたくても、腕《うで》を振《ふ》ったり体《からだ》をねじったりするたびに、ふわふわと浮《う》き上《あ》がったり、体《からだ》がくるくる回転《かいてん》したりしてしまいます。

サッカーは、ボールを蹴《け》っても下《した》に落《お》ちてこないため、リフティングはできません。ただし、空中《くうちゅう》に浮《う》いているボールを、漫画《まんが》のキャラクターのようにオーバーヘッドキックすることが誰《だれ》でもできてしまいます。

野球《やきゅう》は、優《やさ》しくボールを投《な》げるとゆっくり進《すす》むため、自分《じぶん》が投《な》げたボールを追《お》いかけて、自分《じぶん》で打《う》つという「ひとり野球《やきゅう》」が可能《かのう》です。

腕立《うでた》て伏《ふ》せは、片手《かたて》でも、指《ゆび》だけでも、背中《せなか》に人《ひと》を乗《の》せたままでもできます。

綱引《つなひ》きは、引《ひ》っ張《ぱ》ったとたんにお互《たが》いが引《ひ》き寄《よ》せられるため、相手《あいて》チームとぶつかってしまいます。

無重力空間《むじゅうりょくくうかん》での知恵《ちえ》

地上《ちじょう》では、歩《ある》くときは足《あし》を使《つか》い、荷物《にもつ》を持《も》つときは手《て》を使《つか》います。しかし無重力空間《むじゅうりょくくうかん》では、体《からだ》が浮《う》いてしまって上手《じょうず》に歩《ある》くことができません。

そこで泳《およ》ぐときのように手《て》で漕《こ》いで進《すす》もうとするのですが、実《じつ》は水中《すいちゅう》と違《ちが》って空中《くうちゅう》だと、いくら漕《こ》いでも前《まえ》には進《すす》みません。ではどうやって進《すす》むのかというと、宇宙船《うちゅうせん》の壁《かべ》を手《て》で押《お》しながら進《すす》むのです。ただこの方法《ほうほう》、荷物《にもつ》があると手《て》がふさがっていて使《つか》えません。ではどうするかというと、荷物《にもつ》を足《あし》で挟《はさ》んで両手《りょうて》を自由《じゆう》に使《つか》えるようにするのです。手《て》で移動《いどう》して、足《あし》で荷物《にもつ》を運《はこ》ぶわけです。無重力《むじゅうりょく》だと手足《てあし》の使《つか》い方《かた》まで変《か》わってくるのですね。

この他《ほか》にも、ドアノブを回《まわ》そうとすると、自分《じぶん》の体《からだ》が回《まわ》ってしまうなど、地上《ちじょう》と宇宙《うちゅう》とでは常識《じょうしき》やものの見方《みかた》が違《ちが》ったりします。

無重力空間《むじゅうりょくくうかん》ではボールペンは使《つか》えないの？

©NASA

「アメリカは10年《ねん》の歳月《さいげつ》と大金《たいきん》をかけて宇宙《うちゅう》でも使《つか》えるボールペンを開発《かいはつ》したが、ロシアは鉛筆《えんぴつ》を使《つか》った」というジョークがあるほど、無重力《むじゅうりょく》ではボールペンは使《つか》えないものと信《しん》じられていました。そのためアメリカもロシアも当初《とうしょ》は鉛筆《えんぴつ》を使《つか》っていましたが、これはあまりいい方法《ほうほう》ではありませんでした。鉛筆《えんぴつ》の削《けず》りかすや芯《しん》の粉《こな》が船内《せんない》の空気《くうき》を汚《よご》し、折《お》れた芯《しん》が機械《きかい》の中《なか》に入《はい》り込《こ》んで機械《きかい》を壊《こわ》す危険《きけん》があるからです。アメリカでは、シャープペンや『フィッシャー』という会社《かいしゃ》が開発《かいはつ》した特別《とくべつ》なボールペンを、アポロ計画《けいかく》のときから使用《しよう》しています。一方《いっぽう》、ロシアはというと、昔《むかし》は中綿式《なかわたしき》の普通《ふつう》のボールペンを使《つか》っていたそうです。実《じつ》は普通《ふつう》のボールペンでも宇宙《うちゅう》で文字《もじ》が書《か》けるとのこと。ちなみに日本《にほん》の文具《ぶんぐ》メーカー「ぺんてる」のサインペンも宇宙《うちゅう》で使《つか》われています。

無重力空間《むじゅうりょくくうかん》でどうやって寝《ね》るのですか

無重力《むじゅうりょく》では布団《ふとん》は使《つか》えないため、寝袋《ねぶくろ》を使《つか》います。もちろん横《よこ》になって寝《ね》る必要《ひつよう》はなく、立《た》ったままでも眠《ねむ》れます。まさに水《みず》の中《なか》で寝《ね》ているような感覚《かんかく》です。寝袋《ねぶくろ》の中《なか》でも頭《あたま》は浮《う》いているため、寝《ね》ぐせはつきません。私《わたし》にとってはとても便利《べんり》でした。ただ体《からだ》も浮《う》くため、ゴムひもで寝袋《ねぶくろ》をぐるぐる巻《ま》きにして、頭《あたま》も枕《まくら》に布《ぬの》で固定《こてい》していた宇宙飛行士《うちゅうひこうし》もいました。

スペースシャトルでは、四畳半《よじょうはん》ぐらいのところに7人《にん》が寝《ね》ていました。「四畳半《よじょうはん》に7人《にん》なんて狭《せま》い」と感《かん》じるかもしれませんが、地球《ちきゅう》と違《ちが》って天井《てんじょう》にも壁《かべ》にも寝《ね》られるため、意外《いがい》と広々《ひろびろ》しています。

基本的《きほんてき》に寝袋《ねぶくろ》はマジックテープやひもで壁《かべ》に固定《こてい》してから寝《ね》ます。そうしないと、寝《ね》ている間《あいだ》にふわふわと漂《ただよ》っ

て「寝《ね》たまま他《ほか》の人《ひと》に激突《げきとつ》した」なんてことが起《お》こってしまうからです。

また、夜中《よなか》にふと目《め》を覚《さ》ましたときに、思《おも》いがけないところに人《ひと》の顔《かお》が浮《う》かんでいて、ぎょっとしたことがありましたが、早《はや》く目《め》が覚《さ》めたとしても、他《ほか》の人《ひと》を起《お》こさないように起床時間《きしょうじかん》の6時《じ》位《くらい》までは寝袋《ねぶくろ》から出《で》ないでじっとしていました。

当《あ》たり前《まえ》ですが、宇宙《うちゅう》でもいびきをかく人《ひと》はいましたし、歯《は》ぎしりをする人《ひと》もいました。

もちろん夢《ゆめ》も見《み》ます。地球《ちきゅう》にいるときの私《わたし》は、夢《ゆめ》を見《み》てもすぐに忘《わす》れてしまうタイプでしたが、地球《ちきゅう》に帰還《きかん》する前日《ぜんじつ》の夢《ゆめ》ははっきりと覚《おぼ》えています。亡《な》くなった祖母《そぼ》が、笑《わら》いながら階段《かいだん》をのぼっていく夢《ゆめ》でした。

無重力空間《むじゅうりょくくうかん》でどうやってトイレをするのですか

国際宇宙《こくさいうちゅう》ステーションのトイレ ©NASA

国際宇宙《こくさいうちゅう》ステーションのトイレは、男性用《だんせいよう》も女性用《じょせいよう》も同《おな》じです。広《ひろ》さは、幅《はば》と奥行《おくゆ》きがそれぞれ約《やく》1m。形《かたち》は洋式《ようしき》トイレと似《に》ていて、ドアはなくカーテンで仕切《しき》られています。地球《ちきゅう》のトイレとの違《ちが》いは、無重力《むじゅうりょく》では便座《べんざ》に座《すわ》っても体《からだ》が浮《う》いてしまうため、足元《あしもと》のバーに足《あし》を引《ひ》っかけて座《すわ》ることです。また、出《だ》したものが空中《くうちゅう》に飛《と》び散《ち》らないように、掃除機《そうじき》のようなもので吸引《きゅういん》しています。この吸《す》い込《こ》み口《ぐち》のサイズは直径《ちょっけい》10cmで、便《べん》のときは隙間《すきま》ができないように正確《せいかく》に座《すわ》る必要《ひつよう》があります。このとき便《べん》は真空《しんくう》にして乾燥《かんそう》させます。おしっこはきれいにして飲《の》み水《みず》として再利用《さいりよう》していますが、スペースシャトルではタンクにためてから、宇宙《うちゅう》に捨《す》てていました。捨《す》てられたおしっこは、宇宙空間《うちゅうくうかん》では細《こま》かな氷《こおり》となり、太陽光《たいようこう》を反射《はんしゃ》してきらきら輝《かがや》くため「宇宙《うちゅう》ホタル」と呼《よ》ばれていました。

無重力空間《むじゅうりょくくうかん》でどうやって歯磨《はみが》きをするのですか

歯磨《はみが》きのしかたは、宇宙《うちゅう》でも地球《ちきゅう》にいるときと同《おな》じです。普通《ふつう》の歯《は》ブラシに市販《しはん》の歯磨《はみが》き粉《こ》をつけて磨《みが》き、水《みず》を口《くち》に含《ふく》んでぶくぶくします。ただ違《ちが》うのは、その水《みず》は吐《は》き出《だ》さないで、飲《の》み込《こ》むかタオルで拭《ふ》き取《と》ります。うっかり吐《は》き出《だ》してしまうと、玉《たま》になった水《みず》がぷかぷか浮《う》いて大変《たいへん》なことになるからです。

無重力空間《むじゅうりょくくうかん》では、水《みず》はどこにも触《ふ》れていないと、ボールのような玉《たま》になります。ちなみに雑巾《ぞうきん》を絞《しぼ》ると、下《した》には落《お》ちず、ジェルのように腕《うで》にまとわりついてくるのです。

歯磨《はみが》きのときに水《みず》を飲《の》み込《こ》むのは、最初《さいしょ》は抵抗《ていこう》がありますが、慣《な》れれば当《あ》たり前《まえ》になっていきます。ちなみに虫歯《むしば》ができてしまったときは、歯医者《はいしゃ》さんに行《い》けないため、ペンチで自分《じぶん》の歯《は》を抜《ぬ》きます。実《じつ》は宇宙飛行士《うちゅうひこうし》の訓練《くんれん》の中《なか》で、ペンチで歯《は》を抜《ぬ》く方法《ほうほう》を習《なら》うのです。

無重力《むじゅうりょく》の不便《ふべん》なところは何《なん》ですか

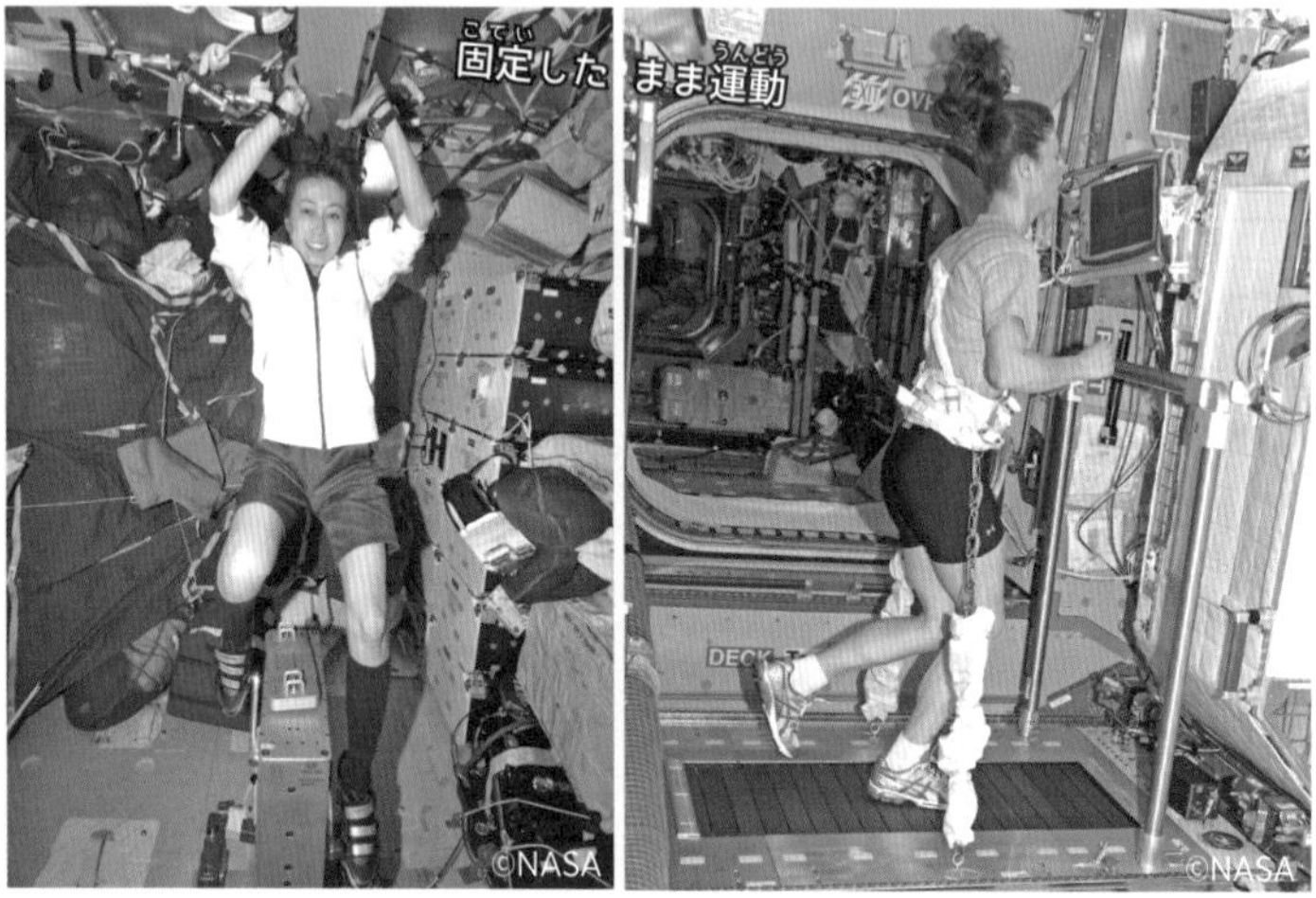

宇宙《うちゅう》では、小柄《こがら》な女性《じょせい》でも大《おお》きな男性《だんせい》を簡単《かんたん》に持《も》ち上《あ》げることができます。しかしそれは、「ちょっと力《ちから》を入《い》れただけで、とんでもないことが起《お》きてしまう」ということでもあります。たとえば、「ねえちょっと」と相手《あいて》の肩《かた》を叩《たた》いただけで、相手《あいて》が飛《と》んでいってしまう、ということが起《お》こるのです。しかも、ただ飛《と》んでいくだけならよいのですが、そのまま壁《かべ》などにぶつかってしまうと、その振動《しんどう》で大事《だいじ》な通信機器《つうしんきき》や実験機材《じっけんきざい》に悪影響《あくえいきょう》を与《あた》えてしまう可能性《かのうせい》もあるわけです。もちろん気《き》をつかって生活《せいかつ》しているのですが、運動《うんどう》したときの振動《しんどう》やドアを閉《し》めたときの振動《しんどう》が、おさまってくれないこともあります。そのため古川聡宇宙飛行士《ふるかわさとしうちゅうひこうし》は、振動《しんどう》が加《くわ》わると台無《だいな》しになってしまうような実験《じっけん》のときは、わざわざ他《ほか》の宇宙飛行士《うちゅうひこうし》が寝《ね》ているときに行《おこな》ったそうです。

無重力《むじゅうりょく》から重力《じゅうりょく》のあるところに戻《もど》るとどうなりますか

私《わたし》が地球《ちきゅう》に帰《かえ》ってきたときの感想《かんそう》は、紙一枚《かみいちまい》でも「重《おも》い！」でした。自分《じぶん》の体《からだ》も重《おも》く、特《とく》に頭《あたま》は大《おお》きな石《いし》を乗《の》せられている感覚《かんかく》でした。人《ひと》の頭《あたま》は体《からだ》の10分《ぶん》の1の重《おも》さなのですが、普段《ふだん》は頭《あたま》が重《おも》いなんて意識《いしき》しないですよね。重力《じゅうりょく》があると、「頭《あたま》ってこんなに重《おも》かったのか」と、しみじみ感《かん》じたことを覚《おぼ》えています。

こんな笑《わら》い話《ばなし》を聞《き》いたことがあります。長期間宇宙《ちょうきかんうちゅう》で過《す》ごしていると、地球《ちきゅう》に戻《もど》ってきても宇宙《うちゅう》にいたときのクセが抜《ぬ》けず、モノを空中《くうちゅう》に浮《う》かせておこうとして、床《ゆか》に落《お》としてしまうことがあるそうです。

また、宇宙《うちゅう》にいると人《ひと》の体《からだ》も変化《へんか》します。重力《じゅうりょく》が無《な》いため体《からだ》の重《おも》さを支《ささ》える必要《ひつよう》がなくなり、骨《ほね》の強《つよ》さ（骨密度《こつみつど》）や筋肉《きんにく》がすごい速《はや》さで減《へ》ってしまうのです。そのため宇宙飛行士《うちゅうひこうし》は宇宙船《うちゅうせん》の中《なか》で毎日《まいにち》、体《からだ》を鍛《きた》えているのです。

©NASA

7 宇宙《うちゅう》のあれこれ

宇宙服《うちゅうふく》の値段《ねだん》はいくらですか

宇宙服《うちゅうふく》には二種類《にしゅるい》あります。ひとつは、打《う》ち上《あ》げのときと地球《ちきゅう》に帰《かえ》ってくるときに着《き》る宇宙服《うちゅうふく》、もうひとつは、船外活動用《せんがいかつどうよう》の宇宙服《うちゅうふく》で、こちらはなんと1着《ちゃく》10億円《おくえん》くらいします。

こんなにも高価《こうか》なのは、宇宙服《うちゅうふく》には宇宙空間《うちゅうくうかん》にいる人間《にんげん》が宇宙服《うちゅうふく》だけで生《い》きられるように、空気《くうき》がためられるだけでなく、宇宙《うちゅう》の温度差《おんどさ》、強《つよ》い紫外線《しがいせん》、宇宙《うちゅう》ゴミから宇宙《うちゅう》飛行士《ひこうし》を守《まも》るだけの性能《せいのう》があるからです。まさに小型《こがた》の宇宙船《うちゅうせん》といえるでしょう。

ちなみに船外活動《せんがいかつどう》では、体力《たいりょく》を使《つか》うため汗《あせ》をかき、宇宙服《うちゅうふく》の中《なか》はサウナ状態《じょうたい》になってしまいます。そこで下着《したぎ》にプラスティック製《せい》の細《ほそ》いチューブを通《とお》し、ポンプで水《みず》を循環《じゅんかん》させることで体《からだ》の熱《ねつ》を吸収《きゅうしゅう》する冷却装置《れいきゃくそうち》も着込《きこ》むことで対策《たいさく》しています。

また宇宙服《うちゅうふく》は、着《き》るのに時間《じかん》がかかるだけでなく、着《き》てしまうとかなり動《うご》きにくくなります。どのくらい動《うご》きにくいかというと、ヘルメットが邪魔《じゃま》で、自分《じぶん》で自分《じぶん》の胸《むね》やお腹《なか》を見《み》ることができないくらいです。そこで、宇宙服《うちゅうふく》の手首《てくび》には鏡《かがみ》がついています。自分《じぶん》の胸《むね》やお腹《なか》を見《み》たいときは、手首《てくび》の鏡《かがみ》に映《うつ》して確認《かくにん》するのです。そのため、宇宙服《うちゅうふく》に書《か》かれている温度調整《おんどちょうせい》スイッチの目盛《めも》りの数字《すうじ》などは、鏡《かがみ》で見《み》たときに読《よ》めるように左右《さゆう》が逆《ぎゃく》になっています。

船外活動《せんがいかつどう》は二人一組《ふたりひとくみ》で行《おこな》いますが、ヘルメットをかぶってしまうと、外《そと》から見《み》てどちらがどちらかわかりません。そのため外《そと》から見《み》てもすぐわかるように、リーダーの宇宙服《うちゅうふく》には膝《ひざ》に赤《あか》いラインをつけると決《き》められています。

宇宙《うちゅう》に行《い》くと身長《しんちょう》が伸《の》びるのは本当《ほんとう》ですか

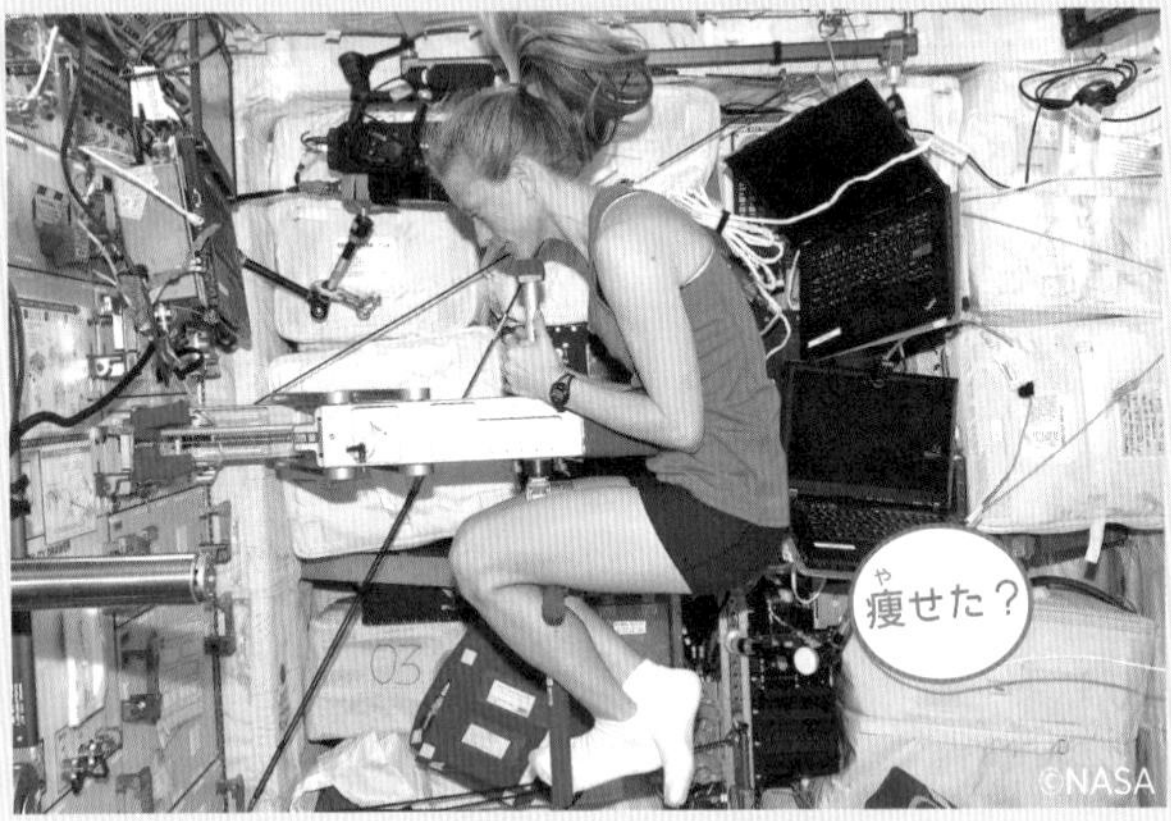

本当《ほんとう》です。私《わたし》は3cm身長《しんちょう》が伸《の》びました。無重力《むじゅうりょく》だと、背骨《せぼね》と背骨《せぼね》の間《あいだ》が地球《ちきゅう》にいたときより広《ひろ》がるからです。日本人《にほんじん》の宇宙飛行士《うちゅうひこうし》の身長《しんちょう》が9cm伸《の》びたというニュースもありましたが、さすがにそれは間違《まちが》いでした。5cmほど伸《の》びた宇宙飛行士《うちゅうひこうし》はいましたが、残念《ざんねん》なことに地球《ちきゅう》に戻《もど》ると元《もと》に戻《もど》ってしまいました。

体重《たいじゅう》はというと、ほとんどの人《ひと》が宇宙《うちゅう》で過《す》ごすと数《すう》キロ減少《げんしょう》します。歩《ある》かないため、筋肉量《きんにくりょう》が落《お》ちてしまうのと、重力《じゅうりょく》の関係《かんけい》で地球《ちきゅう》にいるときより体《からだ》の水分《すいぶん》が減《へ》ってしまうからです。

無重力《むじゅうりょく》では体重計《たいじゅうけい》にのれないのにどうやって量《はか》るのか、不思議《ふしぎ》に思《おも》うかもしれません。体全体《からだぜんたい》で特別《とくべつ》なバネを押《お》しつぶし、放《はな》したときの揺《ゆ》れるスピードで、間接的《かんせつてき》に量《はか》ることができるのです。

宇宙《うちゅう》に関《かん》する記録《きろく》を教《おし》えて

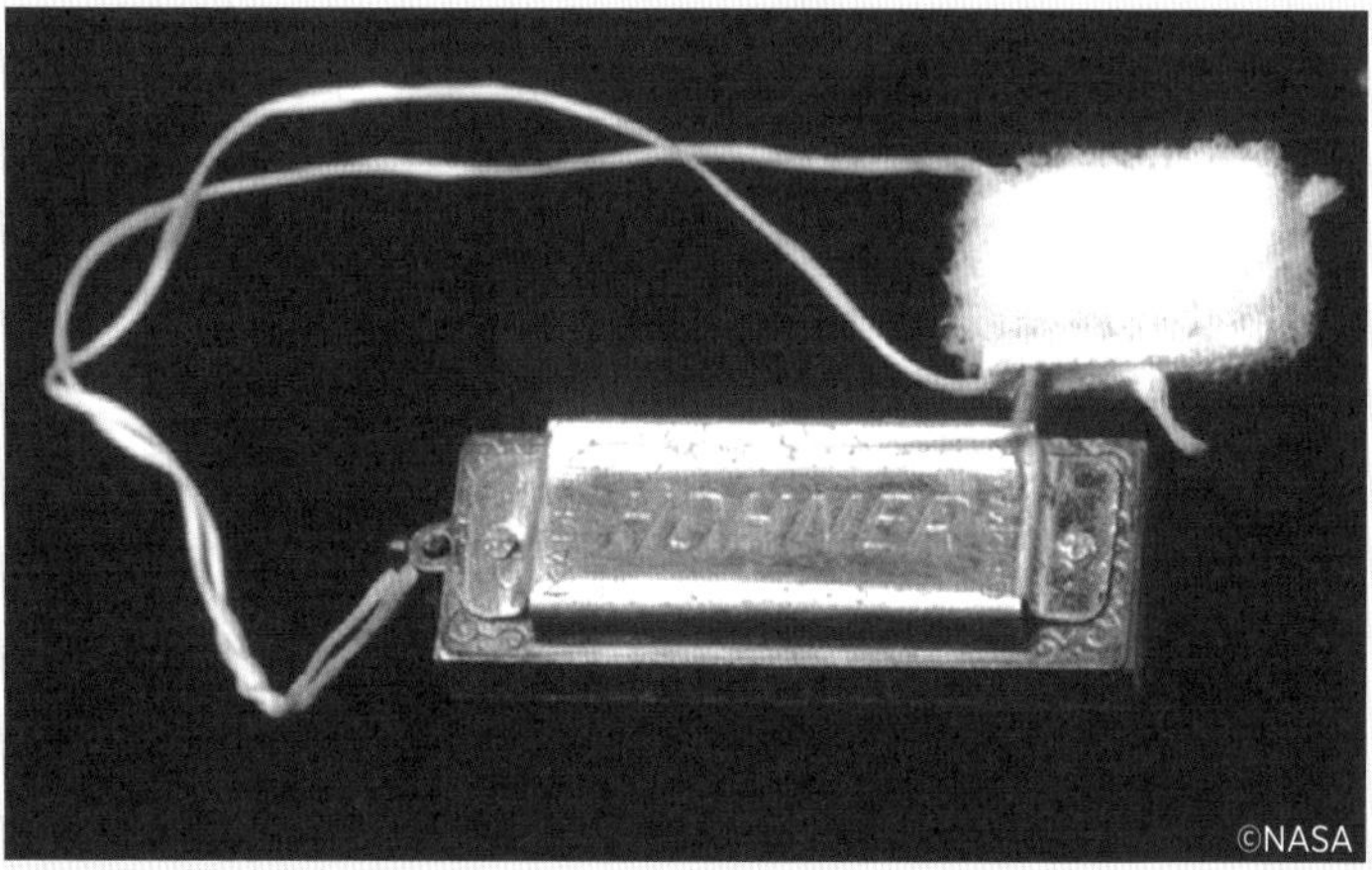

アメリカの宇宙飛行士《うちゅうひこうし》がペンダントとして持《も》ち込《こ》んだ幅《はば》4cmの超小型《ちょうこがた》のハーモニカ

宇宙《うちゅう》に行《い》ったことのある人《ひと》は、いまだに600人《にん》くらいしかいません。その中《なか》で一番高齢《いちばんこうれい》だったのが、アメリカのジョン・ハーシェル・グレンさんで、1998年《ねん》に77歳《さい》で宇宙《うちゅう》に行《い》きました。日本人《にほんじん》で最初《さいしょ》に宇宙《うちゅう》に行《い》ったのは、1990年《ねん》の秋山豊寛《あきやまとよひろ》さんになります。

宇宙《うちゅう》に一番長《いちばんなが》く滞在《たいざい》した人《ひと》は、ロシアのワレリー・ポリャコフ宇宙飛行士《うちゅうひこうし》で、1994〜1995年《ねん》にかけてミール宇宙《うちゅう》ステーションに438日間滞在《にちかんたいざい》しました。

1984年《ねん》2月《がつ》7日《か》、初《はじ》めて命綱《いのちづな》なしで宇宙遊泳《うちゅうゆうえい》をしたのはスペースシャトル・チャレンジャー号《ごう》の乗組員《のりくみいん》だったマッキャンドレス宇宙飛行士《うちゅうひこうし》とステュアート宇宙《うちゅう》飛行士《ひこうし》です。

また、宇宙《うちゅう》で初《はじ》めて演奏《えんそう》された楽器《がっき》はハーモニカで、「ジングルベル」が奏《かな》でられました。1965年《ねん》のことです。

宇宙《うちゅう》から始球式《しきゅうしき》をしたのは本当《ほんとう》ですか

©JAXA/NASA

本当《ほんとう》です。２００９年《ねん》4月《がつ》12日《にち》に若田光一《わかたこういち》宇宙飛行士《うちゅうひこうし》が、国際宇宙《こくさいうちゅう》ステーションからの中継《ちゅうけい》で、巨人《きょじん》×阪神戦《はんしんせん》の東京《とうきょう》ドームでの始球式《しきゅうしき》に参加《さんか》しました。日本初《にほんはつ》となる映像《えいぞう》による『宇宙《うちゅう》からの始球式《しきゅうしき》』で、日《ひ》の丸《まる》が描《か》かれたグラブを手《て》に、読売巨人軍《よみうりきょじんぐん》の原監督《はらかんとく》と同《おな》じ88番《ばん》のユニホーム姿《すがた》で、ふわふわと浮《う》かびながらボールを投《な》げました。

リトルリーグから野球《やきゅう》を始《はじ》め、高校球児《こうこうきゅうじ》だった若田《わかた》さんは投球後《とうきゅうご》、「地球上《ちきゅうじょう》では投《な》げられないような変化球《へんかきゅう》が、宇宙《うちゅう》では投《な》げられるようになるかもしれません」と話《はな》していました。

若田《わかた》さんはこの他《ほか》にも、スペースシャトル・エンデバー号《ごう》の中《なか》でバリー宇宙飛行士《うちゅうひこうし》と囲碁《いご》の対決《たいけつ》をしたそうです。このときは、碁石《ごいし》が飛《と》んでいかないように、磁石《じしゃく》でくっつくタイプのものを使《つか》ったそうです。

宇宙《うちゅう》に行《い》く動物《どうぶつ》も試験《しけん》や訓練《くんれん》を受《う》けるの？

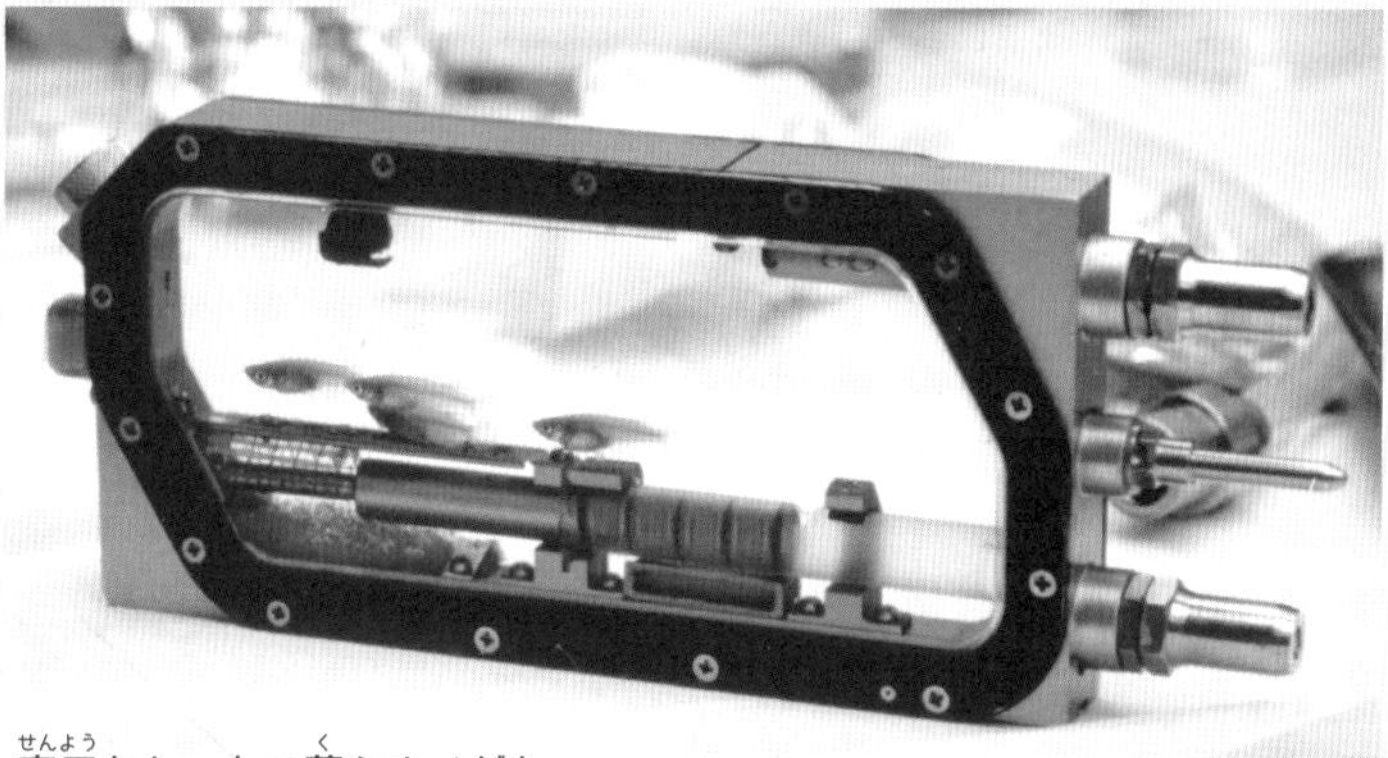

専用《せんよう》カセットで暮《く》らすメダカ

©JAXA/NASA

宇宙《うちゅう》飛行士《ひこうし》と同《おな》じように宇宙《うちゅう》に行《い》く動物《どうぶつ》たちにも試験《しけん》があります。たとえばメダカは、ジェット機《き》に乗《の》せて短時間《たんじかん》無重力状態《むじゅうりょくじょうたい》にしたときの泳《およ》ぎ方《かた》を観察《かんさつ》し、宇宙酔《うちゅうよ》いに強《つよ》そうな血統《けっとう》が選《えら》ばれました。

メダカは明《あか》るいほうに背中《せなか》を向《む》ける習性《しゅうせい》があるため、試《し》験管《けんかん》にメダカを入《はい》れ、左右《さゆう》から交互《こうご》に明《あ》かりをつけて、どれだけすばやく明《あ》かりの方向《ほうこう》に反応《はんのう》できるかというテストも行《おこな》いました。残念《ざんねん》ながらこのテストで30秒以上《びょういじょう》かかってしまったメダカは、宇宙《うちゅう》に行《い》く候補《こうほ》から外《はず》されたそうです。

向井千秋《むかいちあき》宇宙飛行士《うちゅうひこうし》が宇宙《うちゅう》に持《も》っていったメダカは４匹《ひき》でしたが、これらの試験《しけん》に合格《ごうかく》できなかったメダカの数《かず》はなんと５００匹以上《ひきいじょう》いたそうです。いかに厳《きび》しい試験《しけん》だったのかがわかりますね。

「宇宙桜《うちゅうざくら》」とは何《なん》ですか

福島県南相馬市《ふくしまけんみなみそうまし》の北泉海浜総合公園《きたいずみかいひんそうごうこうえん》わんぱく広場《ひろば》にある「きぼうの桜《さくら》」

２００８年《ねん》、いろいろな桜《さくら》の種《たね》が若田光一《わかたこういち》宇宙飛行士《うちゅうひこうし》と共《とも》にスペースシャトルに乗《の》り、宇宙《うちゅう》に旅立《たびだ》ちました。約《やく》８カ月《げつ》を国際宇宙《こくさいうちゅう》ステーションで過《す》ごし、地球《ちきゅう》に戻《もど》ってきた後《あと》、種《たね》から芽吹《めぶ》いたごく少数《しょうすう》の桜《さくら》が「宇宙桜《うちゅうざくら》」として、日本《にほん》の各地《かくち》で育《そだ》てられています。

この桜《さくら》には強《つよ》い生命力《せいめいりょく》が観察《かんさつ》されることがあり、芽《め》を出《だ》してから花《はな》が咲《さ》くまで10年《ねん》かかるのが一般的《いっぱんてき》な桜《さくら》が、たったの６年《ねん》で花《はな》を咲《さ》かせた例《れい》もあります。また、１２００年《ねん》ぶりに種《たね》から芽《め》をだした種類《しゅるい》もあります。

宇宙桜《うちゅうざくら》の種《たね》や苗《なえ》は、東日本大震災《ひがしにほんだいしんさい》の被災地《ひさいち》になどに贈《おく》られ、津波到達点《つなみとうたつてん》より高《たか》い位置《いち》に植《う》えられました。私《わたし》は生《う》まれ故郷《こきょう》の「松戸白《まつどしろ》カボチャ」の種《たね》や日本宇宙少年団《にほんうちゅうしょうねんだん》の朝顔《あさがお》の種《たね》を宇宙《うちゅう》に持《も》ってゆき、その後《ご》、学校《がっこう》などに寄付《きふ》しています。

宇宙《うちゅう》を進《すす》むヨットがあるの？

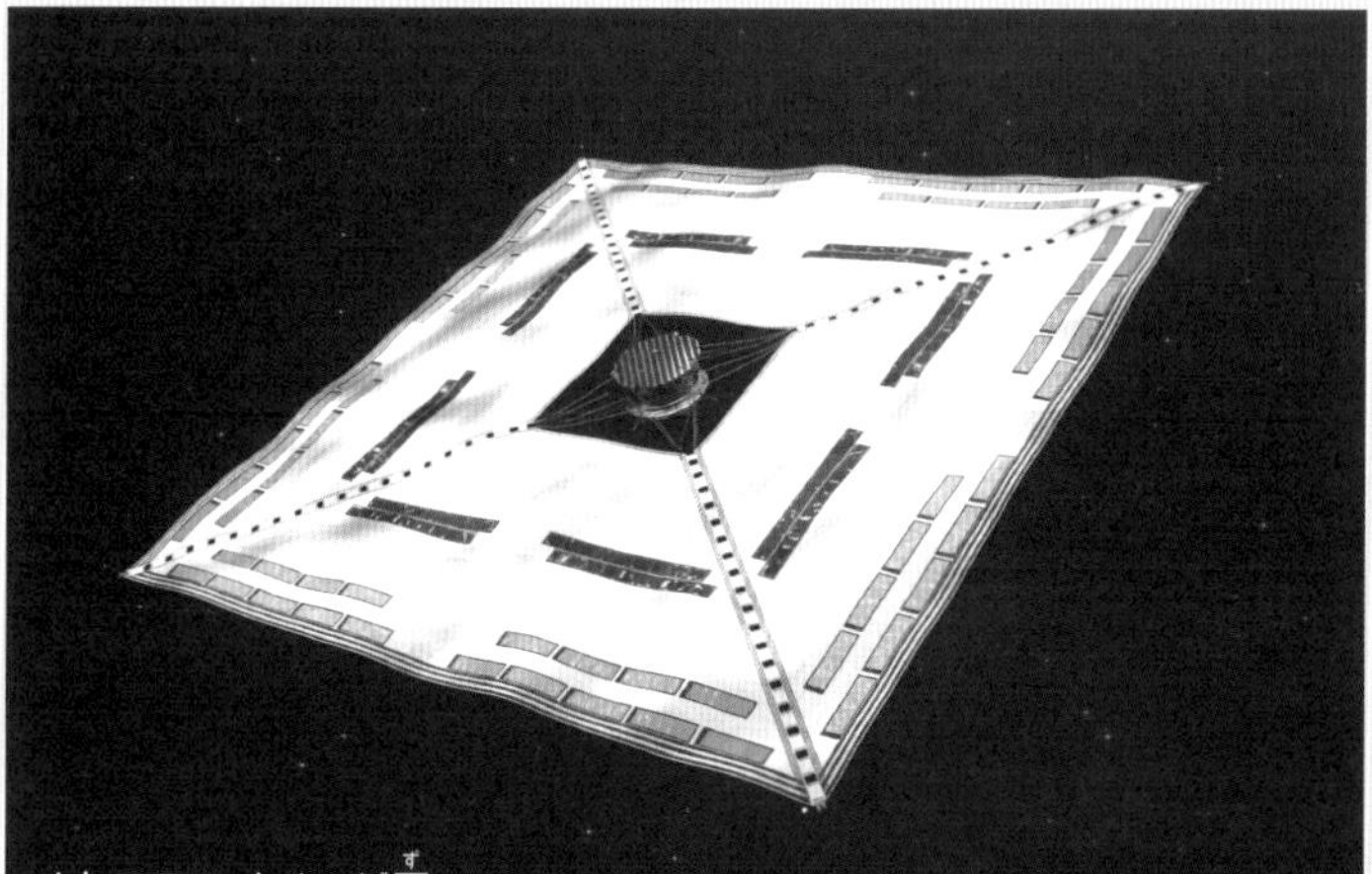

イカロスのイメージ図《ず》　©JAXA

宇宙《うちゅう》にもヨットはあります。日本《にほん》のＪＡＸＡ《ジャクサ》が開発《かいはつ》した、小型《こがた》ソーラー電力《でんりょく》セイル実証機《じっしょうき》『イカロス』です。ヨットは帆《ほ》に風《かぜ》の力《ちから》を受《う》けて進《すす》みますが、宇宙《うちゅう》には空気《くうき》も風《かぜ》もありません。そこでイカロスは、帆《ほ》に太陽《たいよう》の光《ひかり》を受《う》けて進《すす》みます。実《じつ》は光《ひかり》には物体《ぶったい》を押《お》す力《ちから》があるのです。しかしその力《ちから》は非常《ひじょう》に小《ちい》さく、地球《ちきゅう》では感《かん》ることはできませんが、宇宙《うちゅう》では空気《くうき》がないため、小《ちい》さな力《ちから》でもずっと押《お》し続《つづ》けていれば進《すす》むことができるのです。このような宇宙《うちゅう》ヨットのアイデアは１００年程前《ねんほどまえ》からありましたが、薄《うす》くて丈夫《じょうぶ》な帆《ほ》を作《つく》ったり、それを畳《たた》んだり、宇宙《うちゅう》で開《ひら》いたりするのが非常《ひじょう》に難《むずか》しかったため、２０１０年《ねん》に『あかつき』と一緒《いっしょ》に打《う》ち上《あ》げられたイカロスが世界初《せかいはつ》の快挙《かいきょ》となりました。しかし２０１１年《ねん》に活動《かつどう》を終《お》え、その後《ご》は太陽《たいよう》の光《ひかり》が当《あ》たる期間《きかん》だけ活動《かつどう》し、それ以外《いがい》は冬眠《とうみん》しています。

ブラックホールを見《み》たことはありますか

中央《ちゅうおう》の光《ひかり》のない暗《くら》い空間《くうかん》がブラックホール

©EHT Collaboration

残念《ざんねん》ながらありません。２０１９年《ねん》4月《がつ》に巨大《きょだい》ブラックホールの写真《しゃしん》が話題《わだい》になりましたが、あれは世界中《せかいじゅう》の電波望遠鏡《でんぱぼうえんきょう》をつなぎ合《あ》わせた地球《ちきゅう》サイズの望遠鏡《ぼうえんきょう》だから撮影《さつえい》できたのです。

そもそもブラックホールは光《ひかり》まで吸《す》い込《こ》むため見《み》ることはできません。しかしブラックホールは周囲《しゅうい》にあるチリなどを渦《うず》を巻《ま》くように吸《す》い込《こ》んでいます。このとき吸《す》い込《こ》まれるチリなどが回転《かいてん》により60億《おく》℃以上《いじょう》の熱《ねつ》を発《はっ》するため、明《あか》るく光《ひか》るのです。これが「ブラックホールの影《かげ》(ブラックホール・シャドウ)」で、明《あか》るく光《ひか》るリングの中心《ちゅうしん》にブラックホールがあることになります。

話《はなし》は変《か》わりますが、私《わたし》が宇宙《うちゅう》で見《み》たものに、アイスランドの火山《かざん》の噴火《ふんか》があります。宇宙《うちゅう》からも噴火《ふんか》による煙《けむり》が流《なが》れていく姿《すがた》を見《み》ることができました。

宇宙人《うちゅうじん》はいると思《おも》いますか

土星《どせい》と土星《どせい》の衛星《えいせい》「エンケラドゥス」と土星探査機《どせいたんさき》『カッシーニ』のイメージ図《ず》

土星《どせい》の衛星《えいせい》であるエンケラドゥスは一見《いっけん》するとただの丸《まる》い星《ほし》ですが、凍《こお》った表面《ひょうめん》の下《した》には水《みず》、つまり海《うみ》があると言《い》われています。２００５年《ねん》、ＮＡＳＡ《ナサ》の土星探査機《どせいたんさき》『カッシーニ』が、地中《ちちゅう》から吹《ふ》き上《あ》げる水《みず》を発見《はっけん》したのです。もしかしたらこの海《うみ》には生《い》き物《もの》がいるかもしれません。ただいたとしても、地球《ちきゅう》でいうところの微生物《びせいぶつ》のような、とても小《ちい》さな生《い》き物《もの》だと思《おも》います。

また、２０２０年《ねん》７月《がつ》には中国初《ちゅうごくはつ》となる火星着陸探査機《かせいちゃくりくたんさき》『天問一号《てんもんいちごう》』とＮＡＳＡ《ナサ》の火星探査機《かせいたんさき》『パーシビアランス』が火星《かせい》に向《む》けて地球《ちきゅう》を飛《と》び立《た》ちました。ローバーと呼《よ》ばれる探査車《たんさしゃ》による火星《かせい》の表面探査《ひょうめんたんさ》を計画《けいかく》しており、火星《かせい》に生命《せいめい》がいたことがわかる証拠《しょうこ》などを探《さが》します。

私は常々《つねづね》、この広《ひろ》い宇宙《うちゅう》のどこかに、文明《ぶんめい》をもつ宇宙人《うちゅうじん》がいてほしいと思《おも》っています。

いん石《せき》はどこからやってくるの？

約《やく》5万年前《まんねんまえ》に、火星《かせい》と木星《もくせい》の間《あいだ》にある小惑星帯《しょうわくせいたい》から飛《と》んできた直径約《ちょっけいやく》20 ~ 30mの鉄《てつ》金属《きんぞく》いん石《せき》が、地球《ちきゅう》の引力《いんりょく》に引《ひ》っ張《ぱ》られてアリゾナの平野《へいや》に衝突《しょうとつ》した跡《あと》

ほとんどは火星《かせい》と木星《もくせい》の間《あいだ》からやってきます。火星《かせい》と木星《もくせい》の間《あいだ》には、小惑星《しょうわくせい》と呼《よ》ばれる小型《こがた》の天体《てんたい》がたくさん集《あつ》まっており、それらが互《たが》いにぶつかってはじかれるなど、何《なに》かのきっかけで飛《と》んできたものが、地球《ちきゅう》の引力《いんりょく》につかまるといん石《せき》になって落《お》ちてくるのです。このようにいん石《せき》は、火星《かせい》と木星《もくせい》の間《あいだ》から飛《と》んでくるのが普通《ふつう》ですが、彗星《すいせい》という天体《てんたい》の破片《はへん》が地球《ちきゅう》に飛《と》んできていん石《せき》になることもあります。

日本《にほん》では２０２０年《ねん》10月《がつ》現在《げんざい》、53個《こ》のいん石《せき》が発見《はっけん》されており、アマチュア天文家《てんもんか》や天文研究者《てんもんけんきゅうしゃ》たちによる観測《かんそく》ネットワークがいん石《せき》の発見《はっけん》に役立《やくだ》ったこともあります。

いん石《せき》はとても危険《きけん》で、６６００万年前《まんねんまえ》に恐竜《きょうりゅう》が絶滅《ぜつめつ》したのは、直径約《ちょっけいやく》10㎞のいん石《せき》が落《お》ちて環境《かんきょう》が大《おお》きく変化《へんか》したことが原因《げんいん》とされています。

いん石《せき》で怪我《けが》をした人《ひと》はいますか

画像提供：国立科学博物館

習志野市《ならしのし》で発見《はっけん》されたいん石《せき》の破片《はへん》

２０２０年《ねん》７月《がつ》２日《か》の深夜《しんや》、爆発音《ばくはつおん》とともに大《おお》きな火球《かきゅう》が流《なが》れていく様子《ようす》が関東《かんとう》を中心《ちゅうしん》に目撃《もくげき》されました。火球《かきゅう》というのは、流《なが》れ星《ぼし》の中《なか》でも特別明《とくべつあか》るいもので、いん石《せき》として地上《ちじょう》まで落下《らっか》することもあります。このときの火球《かきゅう》は50㎝くらいといわれており、かけらが千葉県《ちばけん》習志野市《ならしのし》で発見《はっけん》されましたが、屋根瓦《やねがわら》が壊《こわ》れたくらいで、怪我人《けがにん》はいませんでした。

しかし過去《かこ》には、いん石《せき》が原因《げんいん》でたくさんの人《ひと》が怪我《けが》をしたことがありました。２０１３年《ねん》にロシアのチェリャビンスク州《しゅう》に落《お》ちたいん石《せき》では、１０００人以上《にんいじょう》の被害《ひがい》が出《で》たそうです。これはいん石《せき》が人《ひと》に当《あ》たったからというよりは、いん石《せき》が落《お》ちた衝撃《しょうげき》で周囲《しゅうい》の建物《たてもの》の窓《まど》ガラスや壁《かべ》が壊《こわ》れたことで怪我《けが》をしたのです。このときのいん石《せき》は、直径《ちょっけい》17ｍ、重《おも》さ約《やく》1万《まん》トンといわれています。

いん石《せき》から身《み》を守《まも》ることはできますか

美星《びせい》スペースガードセンター（岡山県《おかやまけん》）

残念《ざんねん》ながらいまの技術《ぎじゅつ》では、落《お》ちてくるいん石《せき》を未然《みぜん》に防《ふせ》ぐことはできません。しかし宇宙《うちゅう》を観測《かんそく》している世界中《せかいじゅう》の団体《だんたい》が、被害《ひがい》が出《で》そうな小惑星《しょうわくせい》が近《ちか》づいてくると警告《けいこく》を出《だ》し、落《お》ちそうな場所《ばしょ》から人々《ひとびと》を避難《ひなん》させる活動《かつどう》をしています。１９９６年《ねん》に国際専門組織《こくさいせんもんそしき》として『国際《こくさい》スペースガード財団《ざいだん》』が発足《ほっそく》しました。日本《にほん》でも『日本《にほん》スペースガード協会《きょうかい》』という団体《だんたい》が同《おな》じ年《とし》に設立《せつりつ》され、岡山県《おかやまけん》で３６５日休《にちやす》まず観測《かんそく》を行《おこな》っています。またこれらの団体《だんたい》は、宇宙《うちゅう》ゴミ（スペースデブリ）の観測《かんそく》も行《おこな》っています。

実《じつ》は、国際宇宙《こくさいうちゅう》ステーションや人工衛星《じんこうえいせい》は、宇宙《うちゅう》ゴミにぶつかって大事故《だいじこ》を起《お》こす前《まえ》に、位置《いち》を変更《へんこう》して宇宙《うちゅう》ゴミを避《さ》けています。２０２０年《ねん》５月《がつ》に航空自衛隊《こうくうじえいたい》に発足《ほっそく》した『宇宙作戦隊《うちゅうさくせんたい》』も、同《おな》じように宇宙《うちゅう》ゴミを監視《かんし》しています。地上《ちじょう》での地道《じみち》な観測《かんそく》が、宇宙《うちゅう》の事故《じこ》を防《ふせ》いでいるのです。

地球《ちきゅう》での私《わたし》たちの生活《せいかつ》も宇宙《うちゅう》と関係《かんけい》しているのですか

地図《ちず》アプリは測位衛星《そくいえいせい》「みちびき」からのデータを、天気予報《てんきよほう》は衛星《えいせい》「ひまわり」からのデータを利用《りよう》している

もちろんです。たとえばロケットの振動《しんどう》を抑《おさ》えるために開発《かいはつ》された制振《せいしん》ゴムは、地震《じしん》の被害《ひがい》を少《すく》なくするために建築材料《けんちくざいりょう》として利用《りよう》されています。みなさんの学校《がっこう》も制振《せいしん》ゴムの上《うえ》に建《た》っているかもしれません。また、軽《かる》くて長期間保存《ちょうきかんほぞん》ができ、おいしさを目指《めざ》して作《つく》られている宇宙食《うちゅうしょく》の技術《ぎじゅつ》も、災害食《さいがいしょく》に応用《おうよう》されています。

この他《ほか》にも、無重力《むじゅうりょく》での実験《じっけん》が役立《やくだ》つこともあります。たとえば無重力《むじゅうりょく》では、重力《じゅうりょく》につぶされないきれいなタンパク質《しつ》の結晶《けっしょう》ができるため、結晶《けっしょう》の構造《こうぞう》が非常《ひじょう》に分《わ》かりやすく、インフルエンザ薬《やく》の改良《かいりょう》につながったり、筋《きん》ジストロフィーなどの難治療薬《なんちりょうやく》の研究《けんきゅう》も行《おこな》われたりしています。２０１８年《ねん》には、国際宇宙《こくさいうちゅう》ステーションでの実験《じっけん》から、ネコ用人工血液《ようじんこうけつえき》が開発《かいはつ》されました。これにより、輸血不足《ゆけつぶそく》に悩《なや》む動物医療《どうぶついりょう》に役立《やくだ》っていくことでしょう。

8

つき   かせい
月と火星と

しょうわくせい
小惑星

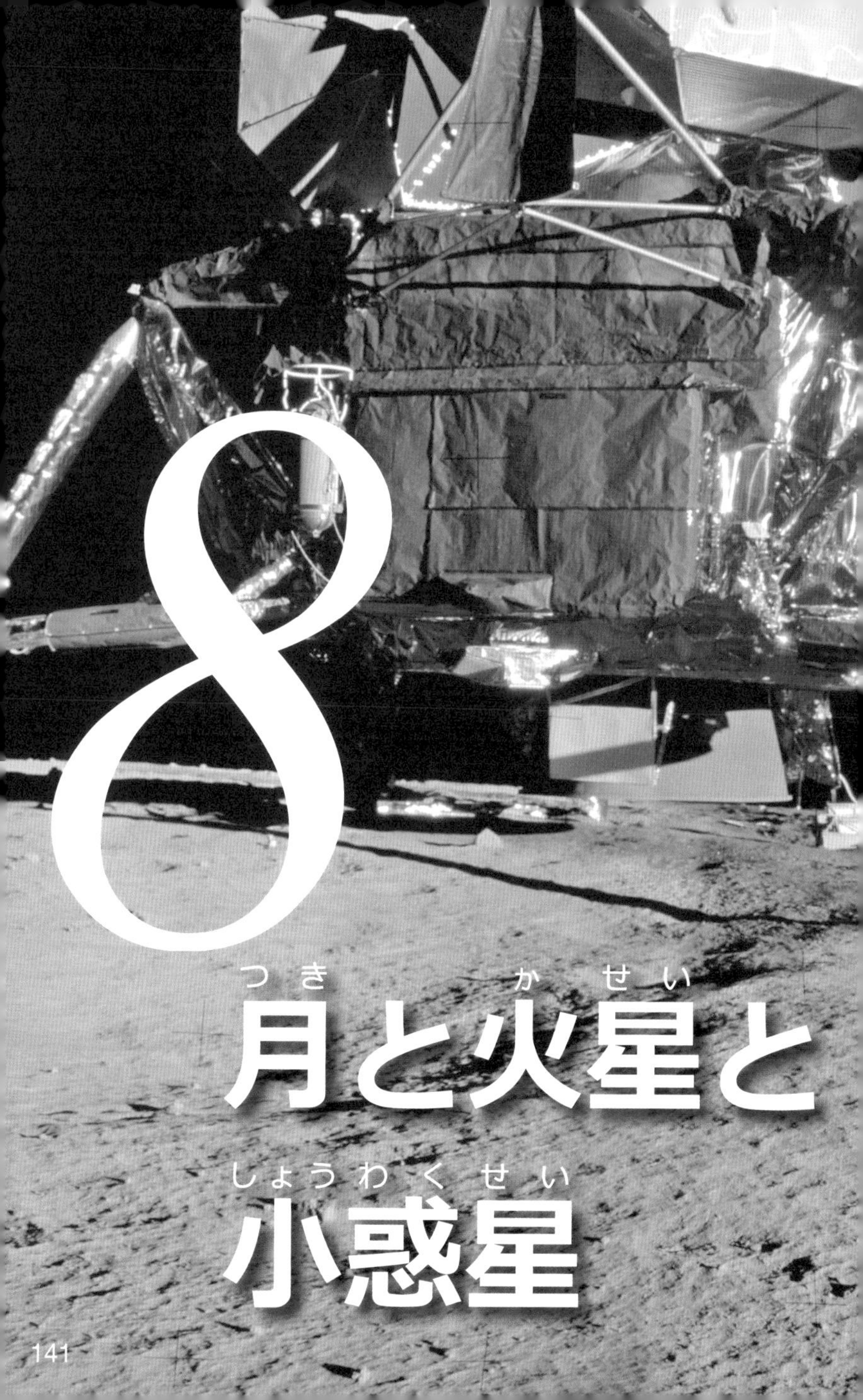

月《つき》はどうやってできたの？

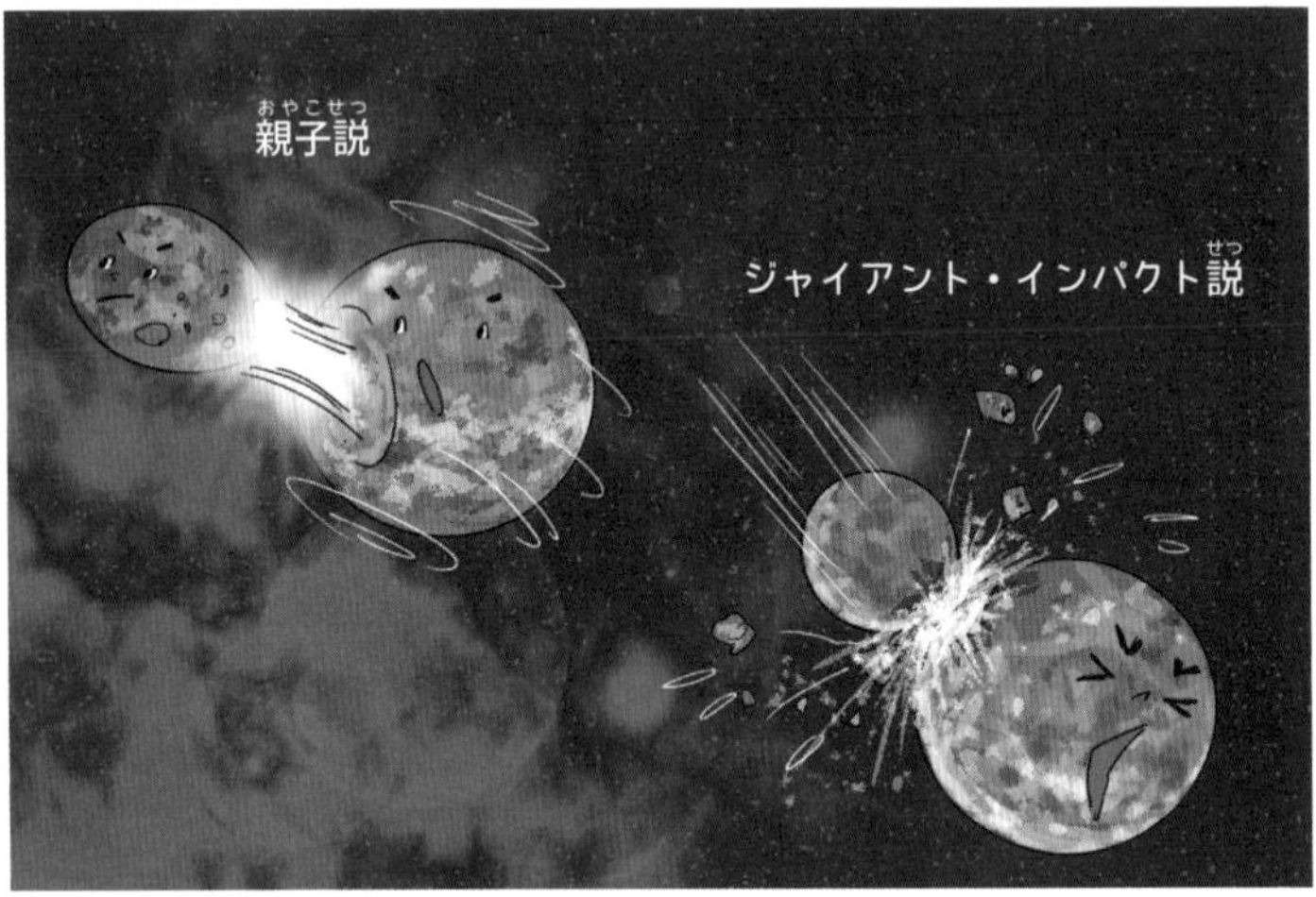

昔《むかし》はいろいろな考《かんが》えがありました。

たとえば、地球《ちきゅう》とは別《べつ》の場所《ばしょ》でできた月《つき》が、地球《ちきゅう》の重力《じゅうりょく》に引《ひ》き寄《よ》せられて、地球《ちきゅう》を周回《しゅうかい》するようになった捕獲説《ほかくせつ》。

この他《ほか》にも、原始《げんし》の地球《ちきゅう》の自転《じてん》が非常《ひじょう》に速《はや》かったため、遠心力《えんしんりょく》で地球《ちきゅう》の一部《いちぶ》が飛《と》び出《だ》して月《つき》になったという親子説《おやこせつ》もあります。しかし最近《さいきん》は、ジャイアント・インパクト説《せつ》でほぼ間違《まちが》いないということになっています。

これは、45億年前《おくねんまえ》の地球《ちきゅう》の初期《しょき》に、火星《かせい》サイズの大《おお》きな天体《てんたい》が地球《ちきゅう》に衝突《しょうとつ》し、地球《ちきゅう》と天体《てんたい》の破片《はへん》が地球《ちきゅう》の周《まわ》りを回《まわ》っていくうちに、徐々《じょじょ》に破片《はへん》が集《あつ》まって月《つき》になったという説《せつ》です。アポロ計画《けいかく》で持《も》ち帰《かえ》った月《つき》の石《いし》を調《しら》べてわかったことです。

ちなみにクレーターは40億年《おくねん》ほど前《まえ》に巨大《きょだい》いん石《せき》が月《つき》に降《ふ》り注《そそ》いでできたことがわかっています。

地球《ちきゅう》からは月《つき》の片面《かためん》しか見《み》えないって本当《ほんとう》なの？

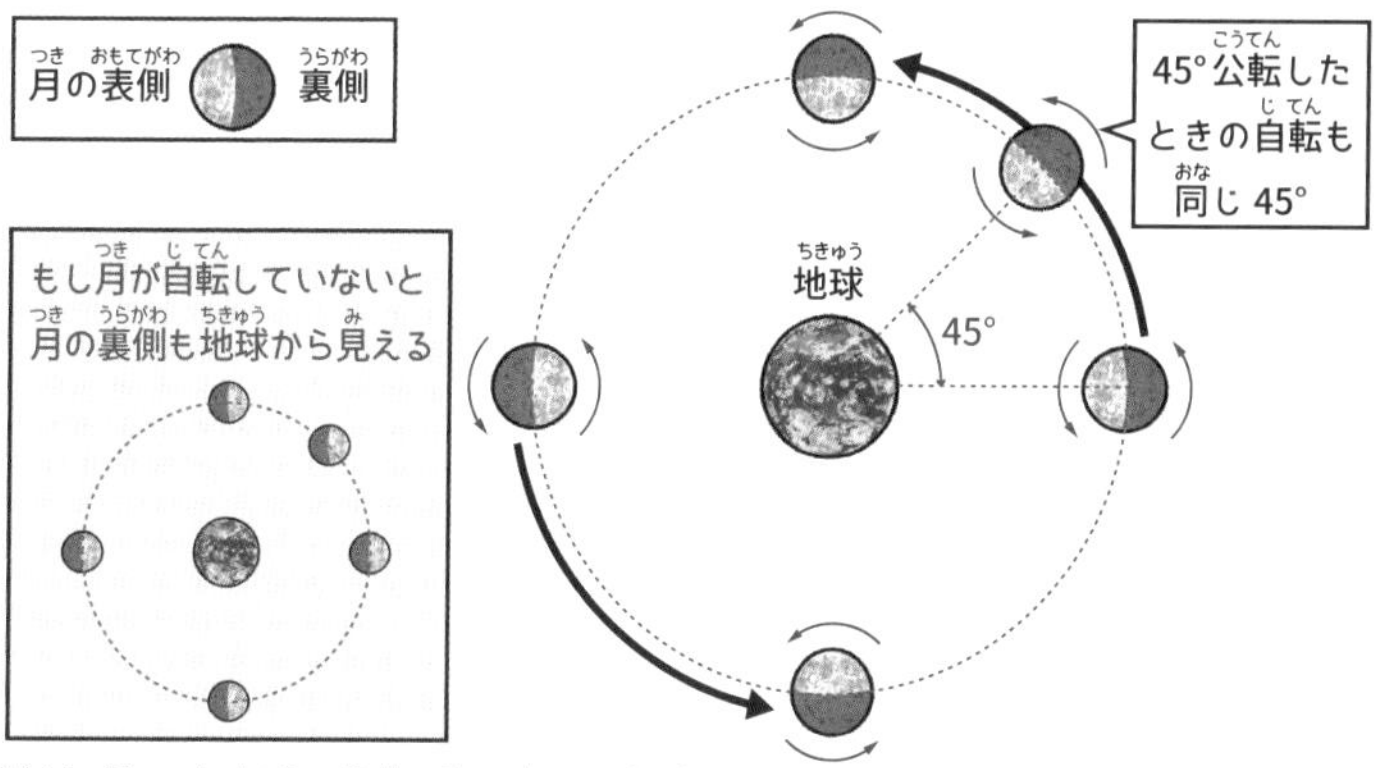

地球《ちきゅう》の周《まわ》りを一周《いっしゅう》する間《あいだ》に月《つき》は1回《かい》しか自転《じてん》しないため、いつも同《おな》じ面《めん》を向《む》くことになる

月《つき》はボールと同《おな》じ球体《きゅうたい》ですが、地球《ちきゅう》からは片面《かためん》しか見《み》えていないって知《し》ってましたか。これは、地球《ちきゅう》の周《まわ》りを月《つき》が回《まわ》る公転《こうてん》の周期《しゅうき》と、月自身《つきじしん》が回《まわ》る自転《じてん》の周期《しゅうき》が同《おな》じ約《やく》27・3日《にち》だからです。不思議《ふしぎ》ですよね？ 詳《くわ》しくは上《うえ》の図《ず》を見《み》てください。

地球《ちきゅう》に昼《ひる》と夜《よる》があるのは、太陽《たいよう》の周《まわ》りを約《やく》365日《にち》かけて公転《こうてん》し、1日《にち》で自転《じてん》しているからです。もしも地球《ちきゅう》の自転《じてん》が公転《こうてん》と同《おな》じ約《やく》365日《にち》の周期《しゅうき》だったら、地球《ちきゅう》の片《かた》面《めん》は常《つね》に昼間《ひるま》で、残《のこ》りの片面《かためん》は常《つね》に夜《よる》になっていたわけです。地球《ちきゅう》から見《み》えていない月《つき》の裏側《うらがわ》の撮影《さつえい》は、1959年《ねん》にソ連《れん》の『ルナ3号《ごう》』が世界《せかい》で初《はじ》めて成功《せいこう》しました。これにより月《つき》の裏側《うらがわ》は表側《おもてがわ》と大《おお》きく違《ちが》っていることがわかりました。月《つき》の裏側《うらがわ》は、地球《ちきゅう》から黒《くろ》く見《み》える「海《うみ》」と呼《よ》ばれる部分《ぶぶん》が少《すく》なく、クレーターがたくさんあったのです。

月《つき》にも海《うみ》はあるの？

地球《ちきゅう》にある海《うみ》とは違《ちが》いますが、月《つき》にも海《うみ》はあります。黒《くろ》く見《み》える、満月《まんげつ》のときの「お餅《もち》をついているウサギ」の部分《ぶぶん》です。ただしこの海《うみ》には水《みず》があるわけではなく、マグマが固《かた》まってできた玄武岩《げんぶがん》からできているため黒《くろ》く見《み》えるのです。世界《せかい》で初《はじ》めて望遠鏡《ぼうえんきょう》で月《つき》を観測《かんそく》したガリレオ・ガリレイは、17世紀《せいき》に月《つき》の表面《ひょうめん》の凹凸《でこぼこ》まで描《えが》いたスケッチを残《のこ》しており、黒《くろ》く見《み》える部分《ぶぶん》をすでに「海《うみ》」と呼《よ》んでいました。海《うみ》にはいろいろな名前《なまえ》がついており、人類《じんるい》が初《はじ》めて降《お》り立《た》った場所《ばしょ》は、『静《しず》かの海《うみ》』になります。

白《しろ》い部分《ぶぶん》は「陸《りく》」や「高地《こうち》」と呼《よ》ばれており、クレーターがあります。クレーターは、大《おお》きないん石《せき》が衝突《しょうとつ》してできたものです。大《おお》きないん石《せき》は、地面《じめん》に落《お》ちると衝突《しょうとつ》のエネルギーで爆発《ばくはつ》し、ふちが高《たか》く盛《も》り上《あ》がった丸《まる》いくぼ地《ち》を作《つく》るのです。

月《つき》に最初《さいしょ》に降《お》り立《た》った宇宙飛行士《うちゅうひこうし》は誰《だれ》ですか

月面《げつめん》に立《た》つバズ・オルドリン宇宙飛行士《うちゅうひこうし》（1969年《ねん》）

ハッセルブラッドのカメラを使用《しよう》し、ニール・アームストロング船長《せんちょう》が撮影《さつえい》

世界《せかい》で初《はじ》めて人間《にんげん》が月《つき》に降《お》り立《た》ったのは、1969年《ねん》7月《がつ》16日《にち》に打《う》ち上《あ》げられたアポロ11号《ごう》で月《つき》に行《い》ったニール・アームストロング船長《せんちょう》とバズ・オルドリン宇宙《うちゅう》飛行士《ひこうし》の二人《ふたり》です。7月《がつ》21日《にち》に降《お》り立《た》ち、月面《げつめん》に星条旗《せいじょうき》（アメリカの国旗《こっき》）を立《た》てる様子《ようす》は世界中《せかいじゅう》がテレビで見守《みまも》っていました。その後《ご》、1972年《ねん》のアポロ17号《ごう》までに12人《にん》のアメリカ人宇宙飛行士《じんうちゅうひこうし》が月《つき》に降《お》り立《た》ちました。

この中《なか》には月《つき》で最初《さいしょ》にスポーツをした宇宙飛行士《うちゅうひこうし》もいます。1971年《ねん》に打《う》ち上《あ》げられたアポロ14号《ごう》で月《つき》に降《お》り立《た》ったアラン・シェパード船長《せんちょう》は、地球《ちきゅう》から持《も》っていったゴルフクラブでボールを打《う》ってゴルフをしました。

またアポロ15号《ごう》では、宇宙飛行士《うちゅうひこうし》が初《はじ》めて月面車《げつめんしゃ》を使用《しよう》しました。アポロ計画《けいかく》により、月《つき》から石《いし》などを持《も》ち帰《かえ》ることができ、月《つき》の誕生《たんじょう》や時期《じき》などが解明《かいめい》されていきました。

月《つき》にも水《みず》はあるの？

ispace社《アイスペースしゃ》の民間月面探査《みんかんげつめんたんさ》プログラム『HAKUTO-R《ハクトアール》』のランダー（月着陸船《つきちゃくりくせん》）のイメージ図《ず》

まだ発見《はっけん》はされていませんが、月《つき》にはたくさんの水《みず》があると考《かんが》えられています。といっても液体《えきたい》の状態《じょうたい》であるわけではありません。では、どのような状態《じょうたい》であるのでしょうか？

月《つき》は、レゴリスと呼《よ》ばれるとても細《こま》かい砂《すな》で覆《おお》われています。アポロ11号《ごう》で月《つき》に行《い》ったバズ・オルドリン宇宙《うちゅう》飛行士《ひこうし》の足跡《あしあと》の写真《しゃしん》を見《み》るとわかると思《おも》います。しかし実際《じっさい》に月《つき》に降《お》り立《た》つまでは、月面《げつめん》に足跡《あしあと》が残《のこ》るとは、誰《だれ》も予想《よそう》していなかったそうです。

月《つき》の南極《なんきょく》や北極《ほっきょく》の寒《さむ》い地域《ちいき》で、レゴリスを60～１００㎝くらい掘《ほ》ると、水分子《みずぶんし》を多《おお》く含《ふく》んだ凍《こお》った地層《ちそう》が出《で》てくると考《かんが》えられています。そのため水《みず》を発見《はっけん》したとしても、地層《ちそう》から水《みず》だけを取《と》り出《だ》す作業《さぎょう》が必要《ひつよう》になります。

では、いつ頃《ころ》から月《つき》には水《みず》があると考《かんが》えられるようにな

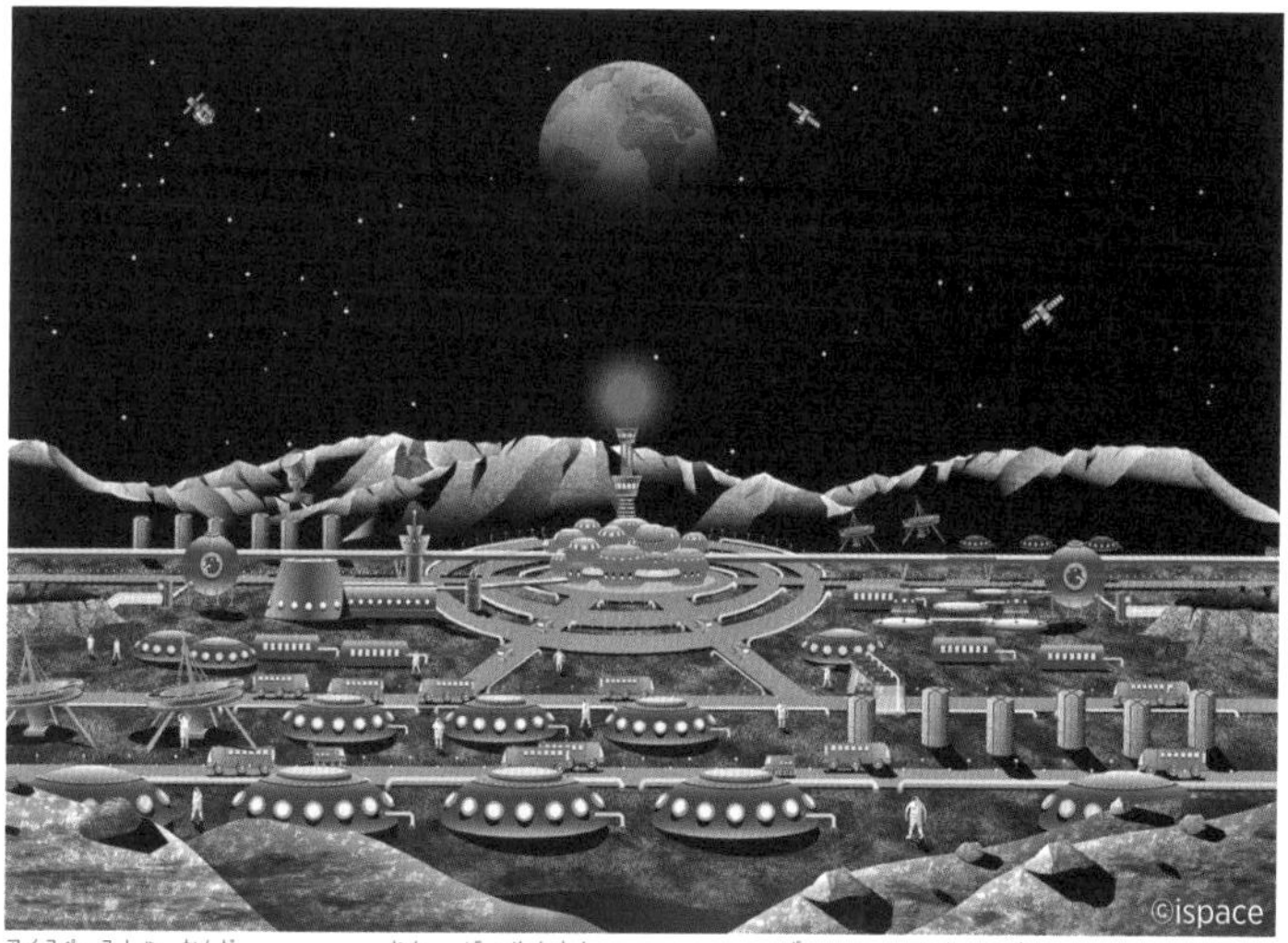

ispace社《アイスペースしゃ》が考《かんが》える2040年《ねん》の月面都市《げつめんとし》のイメージ図《ず》。1,000人《にん》が月《つき》で暮《く》らし、年間《ねんかん》1万人《まんにん》が訪《おとず》れる

ったのでしょうか？　最初《さいしょ》の発見《はっけん》は、1994年《ねん》1月《がつ》にまでさかのぼります。アメリカの月探査機《つきたんさき》『クレメンタイン』が、月《つき》の南極《なんきょく》に位置《いち》するいくつかのクレーターの底部《ていぶ》に、水《みず》が存在《そんざい》する可能性《かのうせい》を発見《はっけん》したのです。その後《ご》、2008年《ねん》10月《がつ》に打《う》ち上《あ》げられたインド初《はつ》の月探査機《つきたんさき》『チャンドラヤーン1号《ごう》』も水《みず》の存在《そんざい》につながる発見《はっけん》をしました。

本当《ほんとう》に月《つき》に水《みず》があれば、水分補給《すいぶんほきゅう》に利用《りよう》できるだけでなく、水《みず》を水素《すいそ》と酸素《さんそ》に分解《ぶんかい》することで、人間《にんげん》が月《つき》に住《す》むときの酸素《さんそ》やロケット推進剤《すいしんざい》の原料《げんりょう》に利用《りよう》できると期待《きたい》されています。

ispace《アイスペース》という日本《にほん》の会社《かいしゃ》は、2040年《ねん》には、月《つき》には1000人《にん》が暮《く》らし、年間《ねんかん》1万人《まんにん》が訪《おとず》れる月面都市《げつめんとし》ができると考《かんが》えています。

もう月《つき》には行《い》かないのですか

ゲートウェイのイメージ図《ず》　©NASA

アメリカは、2024年《ねん》までに宇宙飛行士《うちゅうひこうし》を月《つき》の南極《なんきょく》に着陸《ちゃくりく》させ、その後《ご》も持続的《じぞくてき》に月《つき》を探査《たんさ》する計画《けいかく》『アルテミス計画《けいかく》』を発表《はっぴょう》しています。この計画《けいかく》では、月《つき》を周回《しゅうかい》する有人《ゆうじん》基地《きち》『ゲートウェイ』を建設《けんせつ》し、この基地《きち》から宇宙《うちゅう》飛行士《ひこうし》が月《つき》に降《お》り立《た》つことも予定《よてい》しています。アメリカは、月《つき》を火星《かせい》探査《たんさ》に向《む》けた中継点《ちゅうけいてん》と考《かんが》えているのです。

そして日本《にほん》も、この計画《けいかく》に参加《さんか》することを発表《はっぴょう》しています。この他《ほか》にも日本《にほん》は、2022年度《ねんど》には小型月着陸《こがたつきちゃくりく》実証機《じっしょうき》SLIM《スリム》によるピンポイントの月面着陸《げつめんちゃくりく》を目指《めざ》したり、2023年度《ねんど》にはインドとの共同《きょうどう》による月極域《つききょくいき》探査機《たんさき》の打《う》ち上《あ》げを検討《けんとう》したりしています。

また、2029年《ねん》の打《う》ち上《あ》げを目指《めざ》し、トヨタ自動車《じどうしゃ》とJAXA《ジャクサ》が宇宙服《うちゅうふく》なしで乗《の》れる有人《ゆうじん》の月面探査車《げつめんたんさしゃ》（103ページ参照《さんしょう》）を共同《きょうどう》で開発《かいはつ》しています。

月《つき》にもお墓《はか》があるのですか

お墓《はか》はありませんが、2021年《ねん》には「月面供養《げつめんくよう》」というサービスが実現《じつげん》されそうです。

これは、宇宙葬《うちゅうそう》というサービスのひとつで、死《し》んだ人《ひと》の骨《ほね》を入《い》れた小型《こがた》カプセルを月《つき》まで運《はこ》んでくれるのです。ただし月《つき》の環境汚染《かんきょうおせん》の問題《もんだい》があるため、ばら撒《ま》いたり埋《う》めたりはできません。価格《かかく》は120万円《まんえん》だそうです。

この他《ほか》にも30万円《まんえん》の流《なが》れ星供養《ぼしくよう》があります。こちらは、骨《ほね》を入《い》れた1㎝四方《しほう》の小型《こがた》カプセルを人工衛星《じんこうえいせい》に入《い》れて打《う》ち上《あ》げ、2～3年地球《ねんちきゅう》を周回《しゅうかい》した後《あと》、大気圏《たいきけん》に突入《とつにゅう》させ、最後《さいご》は流《なが》れ星《ぼし》となって燃《も》え尽《つ》きさせるというサービスです。流《なが》れ星供養《ぼしくよう》では、打《う》ち上《あ》げ時《じ》の映像《えいぞう》を見《み》ることができるだけでなく、打《う》ち上《あ》げ後《ご》もスマホのアプリで小型《こがた》カプセルをのせた人工衛星《じんこうえいせい》がどこを飛行《ひこう》しているのかを地図上《ちずじょう》で確認《かくにん》することもできます。

火星《かせい》にも水《みず》はあるの？

火星探査車《かせいたんさしゃ》『キュリオシティ』のイメージ図《ず》

人間《にんげん》が地球以外《ちきゅういがい》の惑星《わくせい》で生活《せいかつ》するには、水《みず》は欠《か》かせない存在《そんざい》になります。飲《の》み水《みず》としてはもちろん、水《みず》を分解《ぶんかい》することで酸素《さんそ》が作《つく》られ、水素《すいそ》はロケットの燃料《ねんりょう》として使用《しよう》することができます。そのため「火星探査《かせいたんさ》」と「火星《かせい》の水《みず》」はセットで話題《わだい》になることが多《おお》いのです。

これまで火星《かせい》には多《おお》くの探査機《たんさき》が着陸《ちゃくりく》し、調査《ちょうさ》をした結果《けっか》、約《やく》40～35億年前《おくねんまえ》の火星《かせい》には液体《えきたい》の水《みず》があったことが確実視《かくじつし》されています。たとえば、『マリナー9号《ごう》』という探査機《たんさき》は、火星《かせい》でたくさんの写真《しゃしん》を撮影《さつえい》し、火星表面《かせいひょうめん》に河川跡《かせんあと》などの水《みず》が流《なが》れたような跡《あと》を確認《かくにん》しました。また火星探査車《かせいたんさしゃ》『キュリオシティ』は、火星《かせい》の表面《ひょうめん》に降《お》りて探査《たんさ》を行《おこな》い、水《みず》の影響《えいきょう》を受《う》けてできた鉱物《こうぶつ》を発見《はっけん》しています。それでは、現在《げんざい》はどうでしょうか。いまでも火星《かせい》に水《みず》はあるのでしょうか？

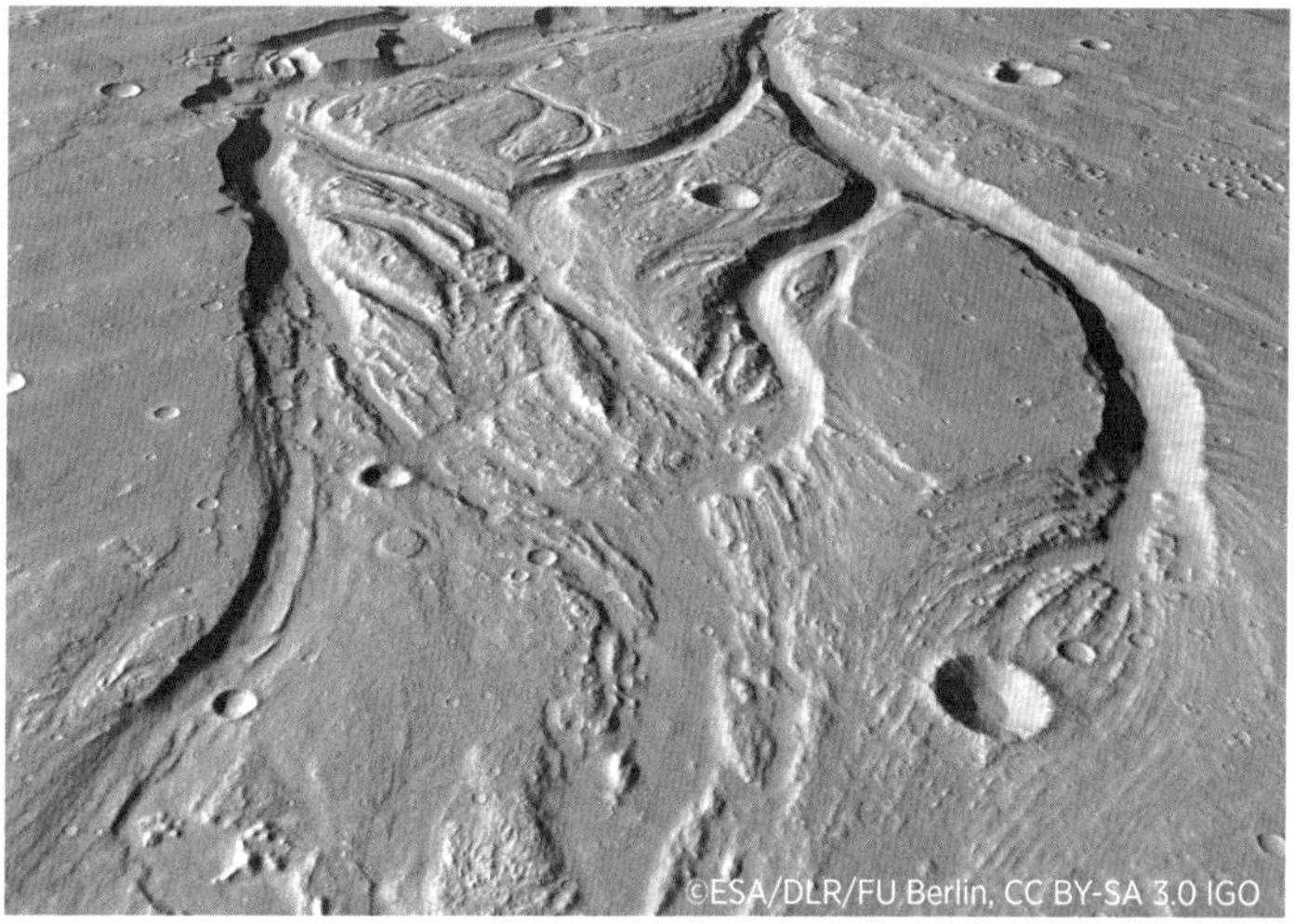

ヨーロッパの探査機《たんさき》『マーズ・エクスプレス』が撮影《さつえい》したオスガ峡谷《けいこく》。水《みず》は写真《しゃしん》の上《うえ》方向《ほうこう》に流《なが》れていた。浸食《しんしょく》で作《つく》られたとみられる中州《なかす》などがはっきりと写《うつ》っている。

アメリカの火星探査機《かせいたんさき》『フェニックス・マーズ・ランダー』は、採取《さいしゅ》した火星《かせい》の土壌《どじょう》から水《みず》の存在《そんざい》が確認《かくにん》されたと発表《はっぴょう》しました。これは直接的《ちょくせつてき》に水《みず》が確認《かくにん》できた初《はじ》めての発見《はっけん》になります。その他《ほか》にも、ヨーロッパの探査機《たんさき》『マーズ・エクスプレス』は、火星《かせい》に液体《えきたい》の水《みず》が存在《そんざい》している証拠《しょうこ》を見《み》つけたと発表《はっぴょう》しました。火星《かせい》の南極《なんきょく》の地下《ちか》に、幅《はば》20㎞くらいの湖《みずうみ》があるかもしれないというのです。これが本当《ほんとう》ならば、現在《げんざい》の火星《かせい》に液体《えきたい》の水《みず》の存在《そんざい》を示《しめ》す証拠《しょうこ》を初《はじ》めて見《み》つけたことになります。また、火星《かせい》探査機《たんさき》『マーズ・グローバル・サーベイヤー』は、今《いま》でも火星《かせい》で液体《えきたい》の水《みず》が流《なが》れていることを示《しめ》す地形《ちけい》を発見《はっけん》しています。これらのことから、現在《げんざい》でも火星《かせい》の地下《ちか》には氷《こおり》や砂《すな》に混《ま》じって水《みず》が存在《そんざい》していることは確実視《かくじつし》されており、液体《えきたい》の水《みず》の発見《はっけん》も期待《きたい》されているのです。

火星《かせい》に降《お》り立《た》った宇宙飛行士《うちゅうひこうし》はいないの？

残念《ざんねん》ながら、2020年《ねん》10月時点《がつじてん》で火星《かせい》に降《お》り立《た》った宇宙飛行士《うちゅうひこうし》は一人《ひとり》もいません。

なぜかというと、ひとつには火星《かせい》までの距離《きょり》を飛行《ひこう》する〝時間《じかん》〟が問題《もんだい》になるからです。公転周期《こうてんしゅうき》の関係《かんけい》から、地球《ちきゅう》と火星《かせい》が近《ちか》づき、火星《かせい》に行《い》けるチャンスは2年《ねん》に1回《かい》しかありません。当然《とうぜん》、帰《かえ》ってこられるチャンスも2年《ねん》に1回《かい》です。地球《ちきゅう》を出発《しゅっぱつ》してから火星《かせい》に到着《とうちゃく》するまで半年《はんとし》。それから火星《かせい》で地球《ちきゅう》に帰《かえ》れるチャンスを2年間《ねんかん》も待《ま》たなければならないのです。しかも火星《かせい》から地球《ちきゅう》に帰《かえ》るにも半年《はんとし》かかるとなると、合計《ごうけい》で3年《ねん》も必要《ひつよう》になります。

水《みず》のリサイクルを行《おこな》っている国際宇宙《こくさいうちゅう》ステーションでさえ、ほぼすべての食料《しょくりょう》を地上《ちじょう》からの補給《ほきゅう》に頼《たよ》っています。そのため、人間《にんげん》が火星《かせい》に行《い》くとしたら、宇宙農業《うちゅうのうぎょう》を

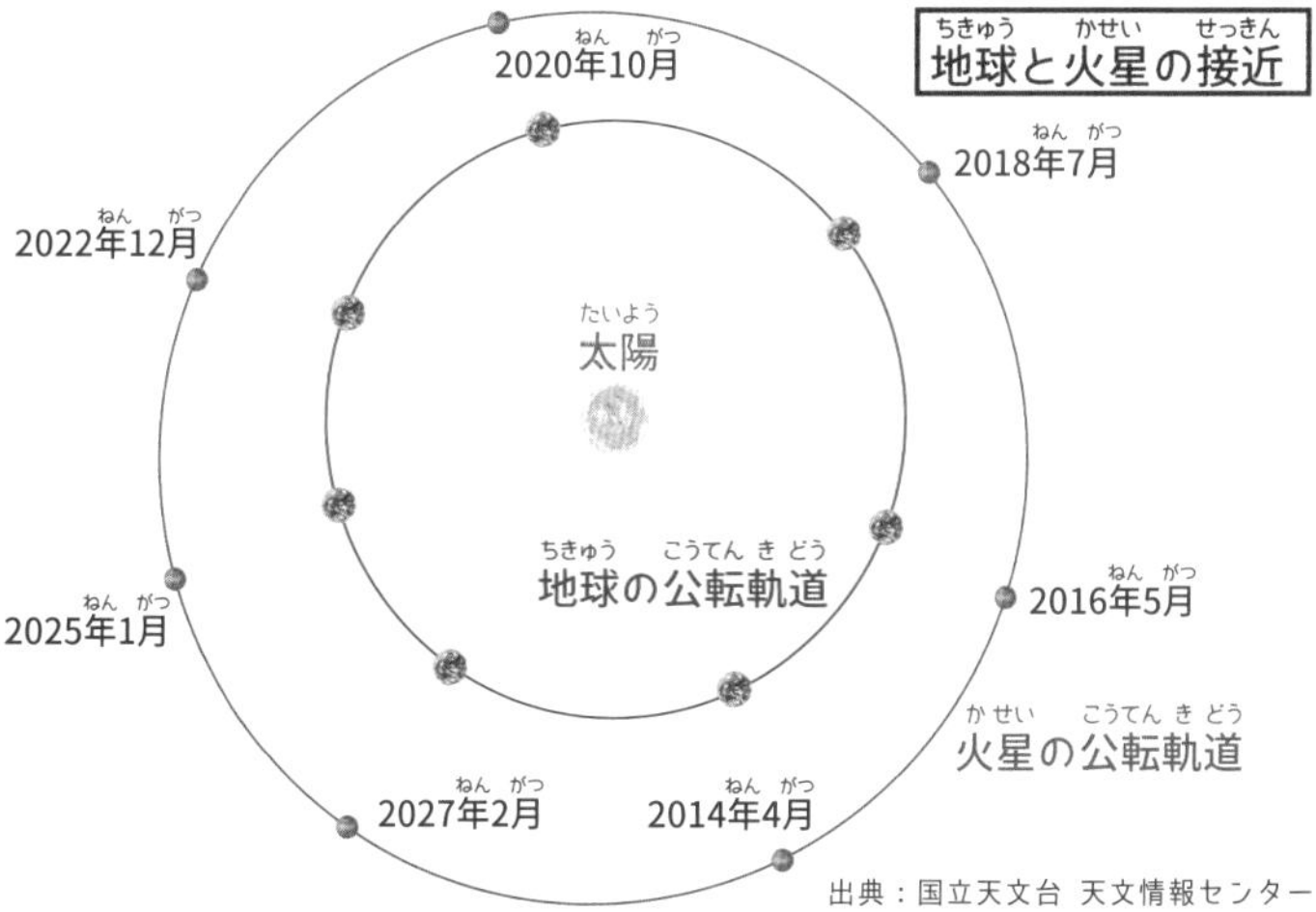

出典：国立天文台 天文情報センター

地球《ちきゅう》は太陽《たいよう》の周《まわ》りを円《えん》に近《ちか》い軌道《きどう》で公転《こうてん》しているが、火星《かせい》は太陽《たいよう》の周《まわ》りを楕円形《だえんけい》の軌道《きどう》で約《やく》２年弱《ねんじゃく》で公転《こうてん》している。そのため、地球《ちきゅう》と火星《かせい》の距離《きょり》は、約《やく》２年《ねん》２カ月《げつ》ごとに接近《せっきん》したり離《はな》れたりする

確立《かくりつ》するか、地球《ちきゅう》から3年分《ねんぶん》の食料《しょくりょう》を持《も》っていかなければならないのです。そうなると特大《とくだい》の宇宙船《うちゅうせん》が必要《ひつよう》になりますよね。しかも3年間《ねんかん》という長期間《ちょうきかん》、宇宙飛行士《うちゅうひこうし》が宇宙放射線《うちゅうほうしゃせん》を浴《あ》び続《つづ》けたら体《からだ》にどのような影響《えいきょう》を受《う》けるのかもわかっていません。

さらに、火星《かせい》に地球《ちきゅう》の菌《きん》を持《も》ち込《こ》まないように、また火星《かせい》の菌《きん》を地球《ちきゅう》に持《も》ち込《こ》まないように、工夫《くふう》が必要《ひつよう》になります。これらの問題《もんだい》が解決《かいけつ》できていないため、いまだに人間《にんげん》は火星《かせい》に降《お》り立《た》っていないのです。しかし、アメリカは火星有人飛行《かせいゆうじんひこう》のためのロケット開発《かいはつ》を進《すす》めています。ロシアも５００日以上《にちいじょう》かけて、火星環境《かせいかんきょう》をシミュレーションした実験《じっけん》を終《お》えています。個人的《こじんてき》にはこのまま宇宙開発《うちゅうかいはつ》が進《すす》んでいけば、２０３０年代《ねんだい》には火星《かせい》に人《ひと》が降《お》り立《た》っているのではないかと思《おも》っています。

惑星《わくせい》、小惑星《しょうわくせい》、衛星《えいせい》の違《ちが》いは何《なん》ですか？

現在《げんざい》使《つか》われている定義《ていぎ》は、国際天文学連合《こくさいてんもんがくれんごう》で2006年《ねん》に決《き》められたもので、主《おも》に大《おお》きさで分類《ぶんるい》されています。①惑星《わくせい》 ― 太陽《たいよう》の周《まわ》りを回《まわ》る大《おお》きな天体《てんたい》です。岩《いわ》などでできていて地面《じめん》のある「地球型惑星《ちきゅうがたわくせい》」と、ガスなどでできている「木星型惑星《もくせいがたわくせい》」に分《わ》けられます。②準惑星《じゅんわくせい》 ― 惑星《わくせい》ほど大《おお》きくはないものの、球体《きゅうたい》になれるくらいの大《おお》きさがある天体《てんたい》です。冥王星《めいおうせい》やエリスが有名《ゆうめい》です。③太陽系小天体《たいようけいしょうてんたい》 ― 準惑星《じゅんわくせい》より小《ちい》さく、球体《きゅうたい》になれない天体《てんたい》です。いわゆる「小惑星《しょうわくせい》」はここに含《ふく》まれます。火星《かせい》と木星《もくせい》の間《あいだ》にたくさん集《あつ》まっていますが地球《ちきゅう》の近《ちか》くにもあります。氷《こおり》やチリでできていて、太陽《たいよう》に近《ちか》づいたときに尾《お》が見《み》えるものは彗星《すいせい》と呼《よ》ばれます。④衛星《えいせい》 ― 惑星《わくせい》や準惑星《じゅんわくせい》、小惑星《しょうわくせい》の周《まわ》りを回《まわ》る天体《てんたい》です。人間《にんげん》が打《う》ち上《あ》げて、地球《ちきゅう》の周《まわ》りを回《まわ》っているのが人工衛星《じんこうえいせい》です。

『はやぶさ2』が向《む》かった「リュウグウ」はどんな小惑星《しょうわくせい》ですか

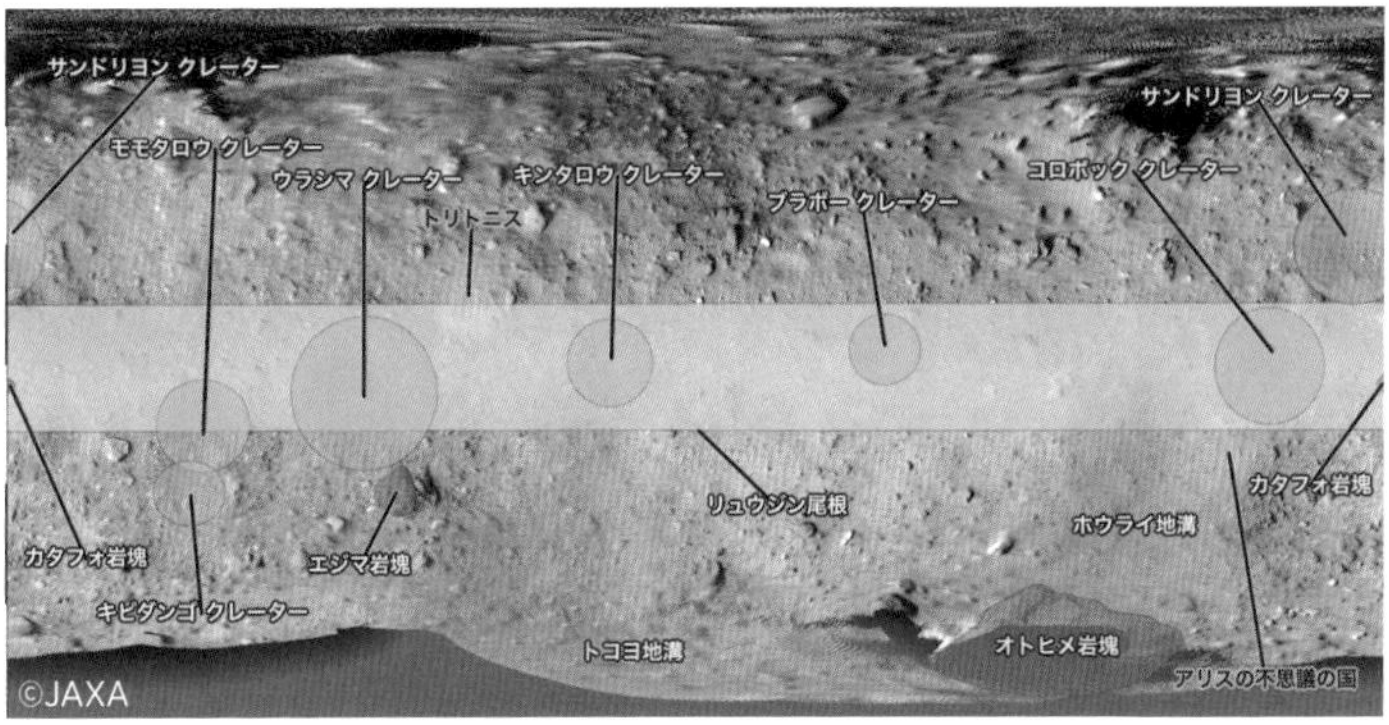

「トリトニス」と「アリスの不思議《ふしぎ》の国《くに》」は、正式名称《せいしきめいしょう》ではなく着陸地点《ちゃくりくちてん》のニックネーム

「リュウグウ」は地球《ちきゅう》と火星《かせい》の間《あいだ》にあるC型小惑星《シーがたしょうわくせい》のひとつです。表面《ひょうめん》にはクレーターがあり、全体《ぜんたい》はそろばんの玉《たま》のような形《かたち》をしています。C型小惑星《シーがたしょうわくせい》は、小惑星《しょうわくせい》の中《なか》でも地球上《ちきゅうじょう》の生《い》き物《もの》の基本的《きほんてき》な成分《せいぶん》である炭素《たんそ》や水素《すいそ》などの成分《せいぶん》を多《おお》く含《ふく》む小惑星《しょうわくせい》で、大気圏《たいきけん》で燃《も》え尽《つ》きやすいため、いん石《せき》として地球《ちきゅう》に落《お》ちてくることはほとんどありません。そのため、はやぶさ2の持《も》ち帰《かえ》るサンプルが期待《きたい》されているのです。

リュウグウのクレーターには、「モモタロウ」や「ウラシマ」などの親《した》しみやすい名前《なまえ》がつけられていますが、これは愛称《あいしょう》ではなく、国際天文学連合《こくさいてんもんがくれんごう》に認《みと》められた正式《せいしき》な名前《なまえ》になります。ちなみに、玉手箱《たまてばこ》をくれる「オトヒメ」は似《に》た名前《なまえ》の地名《ちめい》があるため一度《いちど》は却下《きゃっか》されましたが、強《つよ》い希望《きぼう》により、再申請《さいしんせい》をして認《みと》めてもらったそうです。

小惑星《しょうわくせい》の名前《なまえ》は どうやって決《き》めるの？

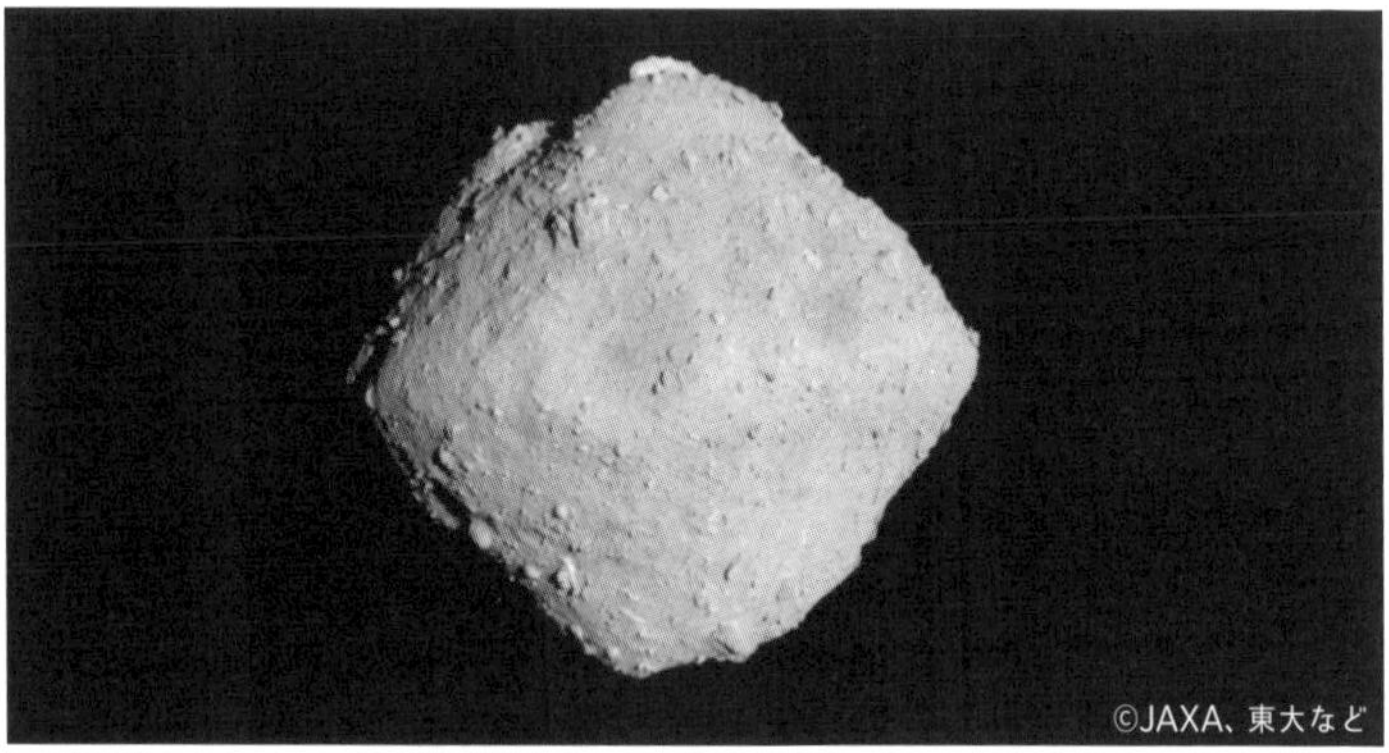

小惑星《しょうわくせい》「リュウグウ」。応募総数《おうぼそうすう》7336件《けん》の中《なか》から選《えら》ばれた名前《なまえ》

小惑星《しょうわくせい》の名前《なまえ》は、見《み》つけた人《ひと》が決《き》めることができます。見《み》つけてすぐに名前《なまえ》がつけられる小惑星《しょうわくせい》ばかりではなく、何年《なんねん》も経《た》ってから名前《なまえ》がつけられる小惑星《しょうわくせい》や、ずっと名無《なな》しのままの小惑星《しょうわくせい》もあります。いくつかのルールはありますが、基本的《きほんてき》には自由《じゆう》に名前《なまえ》をつけられるため、変《か》わったところでは、『ティラノサウルス』『アンパンマン』『たこやき』などもあります。JAXA《ジャクサ》の小惑星探査機《しょうわくせいたんさき》『はやぶさ』が到達《とうたつ》した小惑星《しょうわくせい》は『イトカワ』、『はやぶさ2』が到達《とうたつ》した小惑星《しょうわくせい》は『リュウグウ』と名付《なづ》けられています。

実《じつ》は、私《わたし》にちなんで『直子《なおこ》(14925 Naoko)』と命名《めいめい》された小惑星《しょうわくせい》があります。同《おな》じタイミングで、宇宙飛行士仲間《うちゅうひこうしなかま》の星出彰彦《ほしであきひこ》さんと古川聡《ふるかわさとし》さんも小惑星《しょうわくせい》の名前《なまえ》になりました。『東京《とうきょう》』のような地名《ちめい》が付《つ》いた小惑星《しょうわくせい》も多《おお》くあるため、みなさんの住《す》む町《まち》と同《おな》じ名前《なまえ》の小惑星《しょうわくせい》もあるかもしれません。

彗星《すいせい》の名前《なまえ》はどうやって決《き》めるの？

©NASA

国際宇宙《こくさいうちゅう》ステーションから撮影《さつえい》されたネオワイズ彗星《すいせい》

彗星《すいせい》は、発見者《はっけんしゃ》の名前《なまえ》をつけるというルールになっています。もし同《おな》じ彗星《すいせい》を複数《ふくすう》の人《ひと》が発見《はっけん》したら、先着《せんちゃく》三名分《さんめいぶん》の名前《なまえ》をつけます。「古川《ふるかわ》・星出《ほしで》・山崎彗星《やまざきすいせい》」みたいな感《かん》じになります。

個人《こじん》ではなく、探索《たんさく》プロジェクトなどで発見《はっけん》された彗星《すいせい》には、プロジェクト名《めい》がつけられることもあります。この方法《ほうほう》だと、同《おな》じ人《ひと》や同《おな》じプロジェクトが複数《ふくすう》の彗星《すいせい》を見《み》つけた場合《ばあい》、同《おな》じ名前《なまえ》の彗星《すいせい》がいくつもできてしまうことになります。たとえば、「SOHO《ソーホー》彗星《すいせい》」と名付《なづ》けられた彗星《すいせい》は、4000個以上《こいじょう》もあるそうです。

学校《がっこう》に同《おな》じ名前《なまえ》の人《ひと》が4000人《にん》もいたら誰《だれ》が誰《だれ》だかわからなくなって大混乱《だいこんらん》になってしまいますが、彗星《すいせい》には登録番号《とうろくばんごう》があり、それで区別《くべつ》ができるため、今《いま》のところ特《とく》に困《こま》ってはいないようです。

「地球《ちきゅう》は生《い》きている」

青《あお》く輝《かがや》く地球《ちきゅう》を宇宙《うちゅう》から見《み》た時《とき》に感《かん》じたことが、宇宙飛行《うちゅうひこう》から10年《ねん》経《た》った今《いま》でも鮮明《せんめい》に蘇《よみがえ》ります。むしろ、時《とき》が経《た》ったからこそ、宇宙《うちゅう》で感《かん》じたことを自分《じぶん》なりに解釈《かいしゃく》することができるようになりました。そんな思《おも》いやみなさんに伝《つた》えたい宇宙《うちゅう》のことをまとめたのがこの一冊《いっさつ》です。

地球《ちきゅう》と人間《にんげん》とでは大《おお》きさがまったく違《ちが》いますが、星《ほし》や惑星《わくせい》にも一生《いっしょう》があります。私《わたし》は宇宙《うちゅう》から地球《ちきゅう》を見《み》たとき、同《おな》じ生《い》き物同士《ものどうし》として向《む》き合《あ》っているような感覚《かんかく》を覚《おぼ》えました。ダイナミックな青《あお》い海《うみ》と白《しろ》い雲《くも》、カラフルな大地《だいち》、北極《ほっきょく》や南極近《なんきょくちか》くで輝《かがや》くオーロラ、多《おお》くの生命《せいめい》が懸命《けんめい》に生《い》きている輝《かがや》き。それらがとても眩《まぶ》しく感《かん》じられたのです。

地球《ちきゅう》は、生物《せいぶつ》とともに進化《しんか》してきました。誕生《たんじょう》したばかりの地球《ちきゅう》は1000℃以上《いじょう》のマグマに覆《おお》われ、酸素《さんそ》はほとんどありませんでした。海《うみ》が生《う》まれ、光合成《こうごうせい》をするバクテリアが誕生《たんじょう》したことで、酸素《さんそ》ができ、オゾン層《そう》ができ、太陽《たいよう》から降《ふ》り注《そそ》ぐ有害《ゆうがい》な紫外線《しがいせん》から生物《せいぶつ》を守《まも》れるようになったのです。おかげで、多《おお》くの生命《せいめい》が誕生《たんじょう》することができました。

やがて人類《じんるい》が生《う》まれ、人工衛星《じんこうえいせい》を打《う》ち上《あ》げ、宇宙《うちゅう》に行《い》くまでになりましたが、これは地球《ちきゅう》の目《め》や耳《みみ》の役割《やくわり》を私《わたし》たちが代《か》わりにしているのかもしれません。地球《ちきゅう》は生《い》きているともいえますが、目《め》や耳《みみ》はありません。しかも地球《ちきゅう》の自然《しぜん》はダイナミックであるものの、空気《くうき》の層《そう》は驚《おどろ》くほど薄《うす》く、儚《はかな》さも感《かん》じられます。そんな地球《ちきゅう》を、人間《にんげん》は人工衛星《じんこうえいせい》を使《つか》って宇宙《うちゅう》から観察《かんさつ》する力《ちから》を手《て》に入《い》れたのです。まさにこれは、地球《ちきゅう》を守《まも》っていく役割《やくわり》を担《にな》った、ともいえるのです。

実際《じっさい》、新型《しんがた》コロナウイルスに関連《かんれん》した課題解決《かだいかいけつ》のために、アメリカ、ヨーロッパ、日本《にほん》が協力《きょうりょく》して宇宙《うちゅう》データを活用《かつよう》してきました。アジア諸国《しょこく》でも、宇宙《うちゅう》データを共有《きょうゆう》し、災害《さいがい》観測網《かんそくもう》を作《つく》る取《と》り組《く》みがなされています。このように宇宙《うちゅう》からのデータを世界中《せかいじゅう》でネットワーク化《か》することで、地球《ちきゅう》の神経網《しんけいもう》を作《つく》っているのかもしれません。

私《わたし》は、宇宙《うちゅう》から地球《ちきゅう》に戻《もど》ったときに、そよ風《かぜ》、緑《みどり》の香《かお》り、土《つち》の感触《かんしょく》、すべてが美《うつく》しく愛《いと》おしいと感《かん》じました。当《あ》たり前《まえ》だと思《おも》っていたことが、当《あ》たり前《まえ》ではなく、ありがたいことなのだと気《き》づかされたのです。宇宙《うちゅう》は、私《わたし》にとってずっと憧《あこが》れであり特別《とくべつ》な場所《ばしょ》でしたが、実際《じっさい》には、広《ひろ》い宇宙《うちゅう》の中《なか》で「地球《ちきゅう》こそが憧《あこが》れであり、特別《とくべつ》な場所《ばしょ》なんだ」と、強《つよ》く感《かん》じました。宇宙《うちゅう》を知《し》ることが、私《わたし》たちの地球《ちきゅう》を、そして私《わたし》たち自身《じしん》をより深《ふか》く知《し》ることにつながったのです。

この本《ほん》を手《て》にしてくださったみなさん、本当《ほんとう》にありがとうございます。この本《ほん》は、数年《すうねん》がかりで作《つく》り上《あ》げてきました。

企画《きかく》を立《た》ち上《あ》げ、本《ほん》の内容《ないよう》を一緒《いっしょ》に考《かんが》えてくださり、素敵《すてき》な一冊《いっさつ》にまとめてくださったリピックブックの諏訪部《すわべ》さん、江川《えがわ》さん、野呂《のろ》さんに心《こころ》からお礼《れい》を申《もう》し上《あ》げます。皆《みな》さんのおかげで、この本《ほん》を完成《かんせい》させることができました。

また、わくわくするイラストを描《か》いてくださったフジタヒロミさん、素材集《そざいあつ》めに伴走《ばんそう》してくれた秘書《ひしょ》の繁田翠氏《はんだみどりし》、私《わたし》にとって想像力《そうぞうりょく》の源《みなもと》である高校生《こうこうせい》の長女《ちょうじょ》と小学生《しょうがくせい》の次女《じじょ》、そして飼《か》い猫《ねこ》と飼《か》い犬《いぬ》に感謝《かんしゃ》を捧《ささ》げます。そして最後《さいご》に、宇宙《うちゅう》に関《かか》わってきた多《おお》くの方々《かたがた》、新型《しんがた》コロナウイルス禍《か》の中《なか》、社会《しゃかい》を支《ささ》えてくださっている多《おお》くの方々《かたがた》に敬意《けいい》を表《ひょう》して。

さあ、宇宙《うちゅう》はみなさんを待《ま》っていますよ！

13年《ねん》ぶりの日本人宇宙飛行士募集《にほんじんうちゅうひこうしぼしゅう》の方針《ほうしん》が発表《はっぴょう》された日《ひ》に

２０２０年《ねん》10月《がつ》23日《にち》　山崎《やまざき》　直子《なおこ》

Special Thanks!

JAXA、NASA、ESA、トヨタ自動車㈱、ispace、ALE、
アストロスケール、エクスプローラーズジャパン、スカパー！、
バスキュール、ワンアース、クラブツーリズム・スペースツアーズ、
札幌市青少年科学館、国立科学博物館などの機関の方々
画像のご提供ありがとうございました！

参考文献

『新しい宇宙のひみつQ&A』的川泰宣著，朝日新聞出版、『宇宙探査ってどこまで進んでいる？』寺園淳也，誠文堂新光社、『宇宙日記』野口聡一著，世界文化社、『宇宙飛行士が答えた500の質問』R・マイクミュレイン著，三田出版会、『宇宙飛行士はどんな夢をみるか』立花正一監修，恒星社厚生、『宇宙へ「出張」してきます』古川聡著，毎日新聞社、『宇宙旅行入門』高野忠編，東京大学出版会、『きみは宇宙飛行士！』ロウイー・ストーウェル著，偕成社、『国際宇宙ステーションとはなにか』若田光一著，講談社、『心ときめくおどろきの宇宙探検365話』日本科学未来館監修，ナツメ社、『世界初の宇宙ヨット「イカロス」』山下美樹著，文溪堂、『地球一やさしい宇宙の話』吉田直紀著，小学館、『はじめての宇宙の話』佐藤勝彦著，かんき出版、『星空の飛行士』油井亀美也著，実務教育出版

宇宙飛行士は見た
宇宙に行ったらこうだった！

2020年12月15日　第1刷発行
2021年 1月24日　第2刷発行

著者　宇宙飛行士　山崎 直子

イラスト　フジタヒロミ
編集人　諏訪部 伸一、江川 淳子、野呂 志帆
発行人　諏訪部 貴伸
発行所　repicbook（リピックブック）株式会社
〒353-0004　埼玉県志木市本町5-11-8
TEL　048-476-1877
FAX　03-6740-6022
https://repicbook.com
印刷・製本　株式会社シナノパブリッシングプレス

　ISBN978-4-908154-27-0